让你大开眼界的世界之最丛书　　本书编写组◎编

RANGNI DAKAI YANJIE DE
SHIJIE ZHIZUI CONGSHU

让你大开眼界的天文世界之最

U0306037

世界图书出版公司

广州·北京·上海·西安

图书在版编目（CIP）数据

让你大开眼界的天文世界之最／《让你大开眼界的
天文世界之最》编写组编著．—广州：广东世界图书出
版公司，2009.12（2024.2重印）

ISBN 978－7－5100－1433－8

Ⅰ．①让… Ⅱ．①让… Ⅲ．①天文学史－世界－青少
年读物 Ⅳ．①P1－091

中国版本图书馆 CIP 数据核字（2009）第 217003 号

书　　名	让你大开眼界的天文世界之最
	RANGNI DAKAI YANJIE DE TIANWEN SHIJIE ZHIZUI
编　　者	《让你大开眼界的天文世界之最》编写组
责任编辑	陶　莎　张梦婕
装帧设计	三棵树设计工作组
出版发行	世界图书出版有限公司　世界图书出版广东有限公司
地　　址	广州市海珠区新港西路大江冲 25 号
邮　　编	510300
电　　话	020-84452179
网　　址	http://www.gdst.com.cn
邮　　箱	wpc_gdst@163.com
经　　销	新华书店
印　　刷	唐山富达印务有限公司
开　　本	787mm×1092mm　1/16
印　　张	10
字　　数	120 千字
版　　次	2009 年 12 月第 1 版　2024 年 2 月第 11 次印刷
国际书号	ISBN　978-7-5100-1433-8
定　　价	48.00 元

前　言

　　求知的欲望赋予了人类智慧的头脑，并开始了探索的脚步。人类在生活、生产过程中，不可避免地要接受日月星辰的存在，并探求日月星辰的运行对生活、生产的影响，从而发现日月星辰的运行规律。在不间断的追寻探索中，人们对天文现象有了如此多的认知，以至于把科学与想象，从可见的星体延伸到广袤的宇宙。

　　这本《让你大开眼界的天文世界之最》，将会带领大家领略地球外的天文奇观，讲述神秘的传说，了解系统的天文知识，探索天文学的最前沿。

　　首先第一章，我们会讲到太阳系，在这个与我们关系最密切的太阳系中，我们会看到与我们息息相关的太阳、与我们难得见面的水星、全天最闪亮的金星、现在我们最关切的火星、带着美丽光环的土星、其他行星的世界之最……太阳系就在书中揭开它神秘的面纱。

　　接下来的第二章讲的是彗星与卫星，我们终于知道民间的"扫帚星"是怎么回事？哪个彗星尾巴最多？人人皆知的"哈雷彗星"也会尽在眼底，浪漫美丽的流星雨、各式各样的陨星和我们时常关注的卫星，都在本章中一一为你解释清楚。

　　第三章是恒星。最远的恒星离我们有多远？最亮的恒星是哪颗？重得惊人的恒星让我们瞠目结舌；天上还真有"一动不动"的恒星，最闪耀的超新星也让我们大开眼界。

　　进行到第四章的星系和星云，我们会让大家大饱眼福了：古老神秘的星座、全天的 88 个星座都是哪些？美丽动人的"天河"——银河系，银河系之外的星系是什么样的？人们口中的"仙女座大星云"和大麦哲伦星云的壮丽时刻、最厉害的宇宙大爆炸……

第五章的类星体也是让那些天文迷们为之向往的。为什么类星体被人叫做"天体中的四不像"和"宇宙中的灯塔"？类星体还与"黑暗能量"有着不可分割的秘密？类星体的世界之最都有哪些？这些都在启发我们不断探索。

在第六章的天文探索中，我们踏上充满神奇幻想却又依靠高尖端科学技术的宇宙探索之旅：各种天文望远镜的诞生代表着天文科技的发展，天文学家们的智慧大比拼，太空飞船的探测历程，太空宇航员的骄傲的登陆，月球的神秘探索，去火星"拜访"的一系列活动……

最后，还要感谢广大青少年朋友们能够品读我们的书，希望你们为本书提出很多宝贵的意见与鼓励，也希望这本书能够真正成为你们的"良师益友"！

前

言

目 录
Contents

目

录

目

录

太阳系之最

太阳系是由受太阳引力约束的天体组成的系统，它的最大范围约可延伸到一光年以外。太阳系的主要成员有：太阳、八大行星（包括地球）、无数小行星、众多卫星（包括月亮），还有彗星、流星体以及大量尘埃物质和稀薄的气态物质。

与我们关系最密切的太阳

对我们人类而言，太阳是宇宙中最重要的天体。

没有太阳的光和热，地球将沉沦在永恒的黑暗和寒冷之中——将是没有全球范围的水的蒸发，没有空气的流动，没有如絮的白云，没有滋润的雨露，也没有清泉溪流、长河大江——只有干燥的大地。

没有太阳的光和热，地球

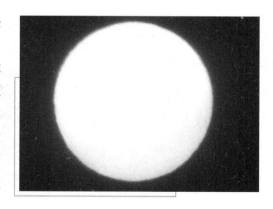

太 阳

上就不可能出现最原始的生命，植物不能进行光合作用，连苔藓茅草都无法生长，所有的动物都将因没有食物而饿死，地球上将没有生命的踪迹，更谈不上人类文明。是太阳的光和热，孕育了地球上的生命，哺育着世界上千姿百态的生物。从直观中，人类很早就懂得了"万物生长靠太阳"的道理。古时候，许多民族都把太阳当作神灵来祀奉。

今天生气勃勃的人类社会，从风驰电掣的火车、汽车，工厂里轰鸣的机器，一直到现代化的家庭生活用具，它们所以能够活动运转，也得归功于太阳的恩赐。因为，现在人类能源的主要部分——石油、煤炭、天然气，都是古代的动植物和微生物变成的，它们的遗骸里储藏的其实就是古代的太阳能。

甚至，连人类特有的本领——思维的功能，也离不开太阳的帮助。大脑活动需要的氧，是亿万年来绿色植物在太阳的照耀下分解制造出来的。

太阳同人类的关系太密切了。太阳上的细微变化，都会给我们带来影响。太阳的活动，同大气环流、年降雨量的多少密切相关，影响着许多河流的流量和海港的水位。地球上台风、地震和某些地区的旱涝灾害，随着太阳活动的升降而变迁。太阳活动还会引起地球磁场的骚扰和磁暴，使指示方向的罗盘失灵，严重干扰和损害高压供电系统，影响地球物理勘探工作。太阳活动发出的质子流，会严重危及人造卫星内仪器的安全和宇航员的生命。太阳活动发生的强大的 X 射线辐射，会造成地球上无线电短波通讯的衰退和中断，严重的竟可达一小时以上。有的科学家甚至认为，人类一些疾病的发病率，人体血液中血球的含量，都会随太阳的活动而变化。

对地球引力最大

太阳是太阳系的主宰。

从地球上看来，太阳只有一个盘子那么大，但实际上，太阳大得令人难以想象：它的半径将近70万千米，比地球与月亮的距离（38万千米）将近大1倍，即使是跑得最快的光（30万千米/秒），从它的中心到表面，也得花2秒多。把它与地球相比，真

太 阳

太阳系之最

像是西瓜和芝麻，因为要塞满太阳的肚子，则需要 130 万个地球。

太阳的质量为 2 亿亿亿吨，是地球的 33 万倍。太阳的质量占整个太阳系的 99.8%，所以它有资格坐居中央"发号施令"，叫太阳系所有天体不断绕它旋转。可以算得出，太阳对我们地球的引力达 35 万亿亿吨！这样大的力，可以一下子把 2 万亿根直径 5 米的粗钢缆拉断！

最大的压力、最高的温度

根据科学家们的计算，太阳内部的温度可达 1500 万 ~ 2000 万℃，比表面温度还高几千倍。内部的压力是 900 亿个大气压，即每平方厘米的表面上要承受 9000 万吨的巨大压力。这样骇人的压力，简直无法比拟。因为地球上，即使在最深的海底（11000 米左右），其压力也只有 1100 个大气压，仅及太阳内部压力的 1/90000000。而这样的海底已是人类的禁区了，它足以压毁壁厚达几厘米的空心钢球。太阳内部的物质密度也出奇的大，达 160 克/厘米^3，比沉甸甸的铅还重 10 多倍。而地球上最重的元素锇（一种稀有金属），也只有 22.5 克/厘米^3。

太阳的内部核心正是产生能量的地方，因为氢聚变成氦的热核反应（就像氢弹爆炸一样）就在这儿进行。这种反应使太阳每秒钟要消耗掉将近 500 万吨氢。这个数字看来大得可怕，但同太阳庞大的质量比，就微不足道了。太阳从诞生至今已快 50 亿年了，但仅仅"烧"掉了 5% 的氢，还剩下95% 呢！

最奇妙的"黑子"

耀眼的太阳表面上，常会出现一些暗黑的斑点——太阳黑子。这可能是一种带电物质的旋涡气团，同时它具有很强的磁场，可能比周围物质的磁场强千倍左右。其实黑子并不黑，因为它的温度常常也有 4000 多度，比一个发着光的电灯中的钨丝温度还高得多呢！只是因为它比周围太阳表面低了 1000 多度，才显得"黑"了。

黑子的大小和存在的寿命彼此相差很大，小黑子只有几千千米，刚刚可以用望远镜分辨出来，而大的黑子都远比我们地球大得多。例如，1947

年 4 月 8 日，出现在太阳南半球上的一个最大的黑子，其纵向长为 30 万千米（几乎可从地球到月亮了），最宽的地方也有 14.4 万千米。这个大黑子的表面积为 170 亿平方千米，相当于地球表面积的 34 倍！黑子的寿命与它的大小有关，小黑子一般只有几天，甚至几小时后便"销声匿迹"，而大黑子则可保持几个月，甚至一年以上。

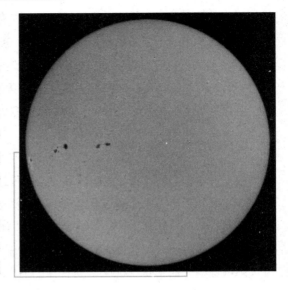

太阳黑子

　　黑子的数目是不断变化的。几百年来的统计表明，变化的平均周期是 11 年。在黑子最少的时候（太阳活动宁静年），可以在几个月内找不到黑子，但在最多的年份（太阳活动极大年）却可达上百个。1957 年 10 月，太阳黑子竟达 263 个，开创了自 1755 年计数以来的最高纪录。

　　现已发现，黑子与我们地球密切有关。太阳黑子多时，树木生长快，细菌也特别"兴奋"。甚至有人发现，地震记录中也隐含着这个 11 年周期。

最早的黑子记录

　　首先发现并记录下太阳黑子的是我国古代人民。在《汉书·五行志》中，有这么一段记载："河平元年三月乙未，日出黄，有黑气，大如钱，居日中。"这次记录的是公元前 28 年 5 月 10 日所见到的一个大黑子。这是目前世界公认的最早的黑子记录。从汉代到明代，我国史书上有 100 多次确切的记录。在公元 3、4 世纪的晋代，我国已正式采用"黑子"这个名称了。中国的黑子记录不但开始最早，而且时间延续很长，比较完整，为研究太阳活动作出了重要贡献。

欧洲观测黑子，开始于1610年的伽利略，比我国晚1000多年。当时还发生过一个笑话：一个名叫席奈尔的天主教士，在用望远镜看到了太阳表面上有几个黑点后，感到十分惶恐，急忙跑去报告他的神长。那位无知而又趾高气扬的神长，根本不愿听取这种有损神灵威严的消息，他没等席奈尔说完，就不耐烦地说："去吧，孩子，放心好了。这一定是你的玻璃或者你的眼睛上有缺陷，才使你错误地把它当成了太阳上的黑斑。"

黑子数最多能有多少

1957年10月，发现太阳上有263个黑子，创造了黑子数目最多的纪录。在此之前，太阳黑子最多的纪录是1778年5月，有239个黑子。1943年观察到太阳上的一个黑子存在了200天，即从当年的6月开始一直到12月都可以看到这个黑子。

西方从1755年开始有计划地观察太阳黑子的活动。中国观察黑子比西方早得多。1975年，中国云南天文台编集了中国从公元前43年到公元1638年的黑子记录，共106条，并进行了计算，得出周期是10.6 ± 0.43年，同时还存在62年和250年的长周期。这是一个重要的结果，说明黑子数目的增减是有一定的规律的。

最耀眼的"日珥"

太阳表面像一个硕大无比的火海，时常有一串串巨大的"火舌"腾空而起，这便是日珥。其实，日珥是在"色球层"中产生的。色球有着瑰丽的色彩，它介于日面与日冕之间，厚几千千米，在太阳上显得是极薄的一层。可惜，我们也只有在罕见的日全食时，才能目

日　珥

太阳系之最

睹它绚丽动人的光彩。

日珥的温度在 5000～8000℃ 之间。其形状千奇百怪：有的美如拱桥，有的乱如草莽，有的像节日的礼花，有的似公园的喷泉。少数日珥不久即落回日面，但有的却在日冕中长期"流浪"。日珥一般可上升到几十万千米的高度，个别大日珥可到 100 万千米！如 1938 年爆发的一个最大日珥，竟在顷刻间上升到 157000 千米的高空，这是地、月距离的 4 倍！就是神通广大的孙悟空，也得连翻十多个筋斗才能逃脱厄运呢！

日珥的形状奇特，瞬息万变，但最令人困惑不解的是，日珥在日冕中，何以能长期"和平共处"。它们之间密度相差几百倍，温度悬殊数千倍，这真像冰块能在炼钢炉内安然无恙一样奇怪，至今人们还找不到什么满意的答案。

日珥的最早记录也出现在我国，这大约是因为日全食更受人注意的缘故。公元前 1400 多年，在我国的甲骨卜辞中就有了日珥的记载，当然那时人们只说它是"火焰"，日珥这个名字则是近代取的。

世界上最美的光——极光

在地球南北两极附近地区的高空，夜间常会出现灿烂美丽的光辉。它轻盈地飘荡，同时忽暗忽明，发出红的、蓝的、绿的、紫的光芒。这种壮丽动人的景象就叫做极光。

极光多种多样，五彩缤纷，形状不一，绮丽无比，在自然界中还没有哪种现象能与之媲美。任何彩笔都很

极 光

难绘出那在严寒的北极空气中嬉戏无常、变幻莫测的炫目之光。

随着科技的进步，极光的奥秘也越来越为我们所知，原来，这美丽的景色是太阳与大气层合作表演出来的作品。在太阳创造的诸如光和热等形

太阳系之最

式的能量中，有一种能量被称为"太阳风"。太阳风是太阳喷射出的带电粒子，是一束可以覆盖地球的强大的带电亚原子颗粒流。太阳风在地球上空环绕地球流动，以大约每秒 400 千米的速度撞击地球磁场。地球磁场形如漏斗，尖端对着地球的南北两个磁极，因此，太阳发出的带电粒子沿着地磁场这个"漏斗"沉降，进入地球的两极地区。两极的高层大气受到太阳风的轰击后会发出光芒，形成极光。在南极地区形成的叫南极光，在北极地区形成的叫北极光。

在加拿大哈得孙湾，每年可以看到 240 次北极光。最高的极光离地面1000 千米，最低的离地面 73 千米。

最早的日食、月食记录

日食、月食以其骇人的景象扰乱着古人的安宁，因此一些文明古国如埃及、巴比伦、印度和我国都有极其古老的记录。现在世界公认的最早日食记录是在我国，记载的是发生在公元前 2137 年 10 月 22 日的那一次日全食。我国《尚书》记载说：那时有个天文学家因饮酒作乐，玩忽职守，未能及时预报日全食来临的消息，使得大家慌乱异常，结果因此而掉了脑袋！

国外最早的日全食记录在巴比伦，时间是公元前 763 年 10 月 15 日，比我国迟了 1000 多年！

月全食的最早记录也是在我国古书中，如不算安阳殷墟甲骨文中发生在公元前 13 ~ 14 世纪的记录，那么，最早记载的应算公元前 1137 年 1 月 29日的那次月全食，它出于《逸周书》中。

我国不仅有丰富的日食、月食资料，而且远在 2000 多年前的汉代，大天文学家张衡（78 ~ 139）就已明确指出了月食的道理。他在《灵宪》中说："月光生于日之所照，……当日之冲，光常不合者，蔽于地也，是谓暗虚遇月则月食。"大意就是说，月球自己不会发光，地球在太阳照耀下后面生成一个影子（暗虚），只要月球落入地影内，就会发生月食。

1887 年，欧洲有个奥波尔兹写了一本《食典》，书中囊集和预测了8000 次日食（自公元前 1208 年到公元 2161 年），5200 次月食（自公元前1207 年到公元 2163 年）的有关资料，这是世界上最详尽的日食和月食记事书，也是研究日食、月食必读的参考书。

日食时间最长是多少

由于月球、地球运行的轨道都不是正圆，日、月同地球之间的距离时近时远，所以太阳光被月球遮蔽形成的影子，在地球上可分成本影、伪本影（月球距地球较远时形成的）和半影。观测者处于本影范围内可看到日全食；在伪本影范围内可看到日环食；而在半影范围内只能看到日偏食。

日　食　　　　　　　　　　　　全日食

能够看到日全食的地区很小，一次日全食的范围只有地球表面积的1/1000左右；而且经历的时间也十分短促，一般都只有短短两三分钟。对一个具体地点来说，平均要两三百年才能见到一次日全食。

日食（月亮界于太阳和地球之间）持续的最长时间为 7 分 31 秒。1955 年发生在美国费城西部持续时间为 7 分 8 秒的日食是近年最长的一次。

日环食的极限时间比日全食稍长，可达 12 分 4 秒，如 1955 年 12 月 14 日在我国海南岛、台湾等地所见的一次日环食就有 12 分钟。而月全食的时间因为地球影锥远比月亮大得多，一般可长达一个多小时。

据预测，2186 年大西洋中部地区将发生一次持续时间 7 分 29 秒的日食。1995 年，泰国曼谷的一次日食中，在该国某些地区为日全食。月食

（月亮运行进入地球的阴影）持续的最长时间为 1 小时 47 分。2000 年 7 月 16 日，在北美的西海岸人们看到这种景象。

科学发展到今天，天文学家为了获得更多的宝贵资料，已可坐着超音速的喷气机去追赶月影，这样所看到的日全食时间可长达到 10 多分钟以上。创纪录的是法国科学家，他们在 1973 年 6 月 30 日发生于非洲的那次日全食观测中，利用"协和式"飞机去追赶月影，使观测时间延长到 74 分钟，真是一个奇迹！

不过，就在 2009 年的 7 月 22 日，我们迎来了宇宙的绝妙之作——日全食！我国境内发生本世纪最为壮观的一次日全食天象。全食带先后经过西藏东南部、云南省西北部、四川省、重庆市、湖北省、湖南省北部、河南省南部、江西省北部、安徽省、江苏省南部、浙江省北部、上海等地。日全食时间长达 4~5 分钟，有的地方竟达 6 分多钟！

谁最早测量与太阳的距离

"天有多高？"是古人经常苦思冥想的难题。为了测出太阳的距离（古时人们认为这就是"天"高），不少科学家作了不懈的努力。

我国最早的量天尝试，记载在一本叫《周髀算经》的古书中。这本书的确切年代现在还在查考中，但肯定不会迟于公元前 1 世纪。书中的办法是利用日圭（竹竿）影子在不同地方长度不同，借助勾股定理算得的。当时书中的结论是："天高八万里。"

在古希腊，公元前 3 世纪时有个学者，名叫阿里斯塔克。他发现，月亮上弦和下弦时，太阳、月亮、地球组成一个直角三角形，这样只要量出 $\angle 1$，便可测出它们的相对距离。当时因为受到仪器的限制，他测出 $\angle 1 = 87°$，由此求得太阳离地球比月亮远 18~20 倍（实际约 400 倍）。

这两个数字现在看来简直有些荒唐可笑，但是这是 2000 多年前的事情。这些古代科学家的探索成果，有力地批判了有关"天堂"和"地球中心"的神话，为人类探索宇宙树立了楷模。

利用现代科学方法，最先得到较准确的太阳距离值的是法国天文学家卡西尼。他利用 1672 年火星"大冲"的机会，求出日地平均距离是 15000

万千米，这个值只比今天的准确值差 2.3% 左右。在此之前，人们认为的日地距离要小得多。卡西尼的发现，使人们头脑中的太阳系扩大了 20 倍，当时的天文学家都为此大吃一惊！

"跑" 得最快的行星——水星

与太阳最近的"邻居"

在太阳周围，有 8 个自身不会发光的星体在绕它不停地旋转，这就是 8 大行星。在 8 大行星中，离太阳最近的是水星。从水星上看太阳，要比我们看到的大 6 倍多。水星的轨道偏心率较大（偏心率越大，椭圆越扁长），所以，它离太阳最近时仅有 4600 万千米，最远时却差不多有 7000 万千米，平均为 5500 万千米。

水星是最像月球的行星。它的半径为 2440 千米，仅比月球大 1/3。用望远镜观测，可以看到它像月亮那样的圆缺变化。水星上有密密麻麻、星罗棋布的环形山，也有一些暗的"海"（实际是平原和盆地，并无半滴水），甚至还有原为月球特有的"辐射纹"（从大环形山向四方散发出去的亮带），

水星的部分表面

有的辐射纹可能长达 1000 千米。水星表面还有着其他行星上找不到的峭壁悬崖。在它的北极附近有一条绵延几百千米长的维多利亚悬崖，其高度可达 3000 米，比泰山还足足高 1 倍。

水星含最富有的"铁矿"

水星主要是由铁、镍及硅酸盐的混合物组成的，在表面壳层里面，隐藏着一个巨大的铁核，这个铁核的半径相当于它整个半径与月球的大小（1738 千米）相仿。这样算起来，水星质量的 60% 都是铁，总重量为 2 万亿亿吨。因为它含铁量这么高，所以平均密度达到 5.48 克/厘米^3，比金星还大。

在地球上，含铁量大于 45% 的铁矿石就算是"富铁矿"了，这么说来，整个水星等于是一个超巨型的特大"富铁矿"。现在世界上的钢产量不过 7 亿多吨，如果能够开采水星这座"大铁矿"的话，足足可供我们用上 2800 亿年！

空间探测表明，水星上也有空气和磁场，不过水星上的空气很稀薄，只有地球的 0.3% 左右，它表面上的大气只相当于我们 50 千米高空的大气密度。水星磁场的强度只有地球的 1%，所以一般的罗盘带到水星上是没有多大用处的。

年最短、日最长

一年 365 天（闰年 366 天），每天 24 小时，似乎是天经地义的事情，但一到水星上，这种日历就完全乱了套，因为水星上的"1 天"等于它整整"2 年"！

根据"年"的定义，"水星年"就是水星绕太阳转一圈的时间，人们早就知道那是 88 个地球日。而所谓"一天"，应当是太阳连续两次升起或落下的时间间隔。由于水星自转速度非常慢，在水星上看来，一个"水星日"要相当于地球 176 天，亦即等于两个"水星年"。所以倘若"水星人"也像我们"日出而作，日没而息"，晚上呼呼大睡，则一觉醒来便长了一"岁"，这不仅是度日如年，而是"度日胜年"了！

最惊人的昼夜温差

我们常以"朝穿皮袄午穿纱，围着火炉吃西瓜"来形容每日气候变化

太阳系之最

之大。不过如果以此与水星相比，真是"小巫见大巫"了。因为水星和太阳的距离只有地球的 1/3 左右，所以它受到太阳光的照射要比地面上强 6 倍。设想一下，倘若在挥汗如雨的盛夏季节，居然在我们头上又多了 6 个炎炎赤日，那有多么可怕！

水星上的实际情况甚至比这还要可怕得多。地球上由于有厚厚的大气层，挡掉了许多阳光，等于包了一层棉被，加上有浩瀚的海洋，可以调节气温，所以昼夜温差不大。水星上几乎没有空气，几乎没有云，不能反射阳光，又没有海洋，无法调节气温，加上"白天"长达 88 个地球日（2112小时），所以在水星的赤道上，"中午时刻"（相当于我们地球上几个星期长）可热到 427℃。在这样的高温下，不仅所有的水早变成了蒸汽不翼而飞，就连你带去的半导体收音机和精密电子仪器，也都成了一堆废物——塑料外壳完全熔化了，所有的焊接零件也纷纷落下，因为焊锡早化成了"锡水"。但是一到日落西山，温度又急剧下降，深夜的温度是 –173℃，一切东西都冻得比石块还硬，连温度计中的酒精，也会结成一条"冰柱"（酒精的冰点为 –117.3℃）。

因此，水星上"一天"之内，冷热相差竟达整整 600℃！有什么有机生命能忍受得了呢？

与我们最难得见面

水星的光并不弱，比最亮的恒星天狼星还亮 60%，比土星还亮 1.5 倍，可算得上是一个很亮的星，但我们要见它一面却并不容易。因为它的轨道在太阳附近，在地球轨道之内（故也称它为"地内行星"），所以从地球上看来，它总是几乎和耀眼的太阳形影不离，充其量它们之间不会超过 28°。

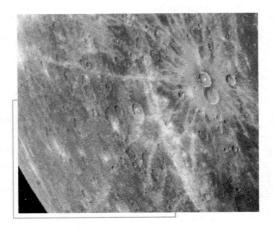

水星表面

所以有时在太阳升起前一个多小时，它在东方地平线上稍一露面，就在太阳的光辉中隐没了；有时则在太阳降落后出现，但不一会儿，就在美丽晚霞的掩护下，匆匆躲进了地平线。只要有些薄雾或者城市灯光的干扰，肉眼就很难找到它的踪迹。据说，伟大的天文学家哥白尼，就因为一直未能见它一面而遗恨不已。

最难以想象的轨道速度

它离太阳最近，所以受到太阳的引力也最大，因此在它的轨道上比任何行星都跑得快，轨道速度为48千米/秒，比地球的轨道速度快18千米/秒。这样快的速度，只用15分钟就能环绕地球一周。

1"年"时间最短。地球每一年绕太阳公转一圈，而"水星年"是太阳系中最短的年。它绕太阳公转一周只用88天，还不到地球上的3个月。这都是因为水星围绕太阳高速飞奔的缘故。难怪代表水星的标记和符号是根据希腊神话，把它比作脚穿飞鞋、手持魔杖的使者。

最明亮动人的行星——金星

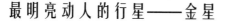

全天最闪亮的星星

在迷人的夜空中，再也找不到什么星比金星更明亮动人的了。金星发出宝石般的光芒，最亮的时候，甚至可把物体照出影子来，即使在白天也可见到。它的亮度比天狼星强14倍，比火星强4.8倍，比木星强3.4倍。据说，1797年12月10日，拿破仑从意大利返回卢森堡宫的时候，因为欢迎的人群都在仰头观望出现在白天的金星，使得这位名震欧洲的统帅大为恼怒。

金星也是一个"内行星"，我国民间称它为"太白金星"。和水星一样，它有时出现在东方的早晨，有时则在西边的黄昏。古代人们因此误把它当作两颗星，于是就有"启明"、"长庚"的名字的出现了。

在望远镜里，金星有明显的位相变化。这是伽利略用来证明哥白尼学说的有力论据之一。1610 年他把刚发明的望远镜指向天穹时，看到了美丽的金星竟是一钩弯镰。为了慎重行事又不致被人夺走了首先发现的荣誉，伽利略搞了一个有趣的文字游戏，发表了一句令人不解的话："Hace immatura a me jam frustra leguntur, O. Y." 这句话的意思是："枉然，这些东西今天被我不成熟地收获了。"

金 星

伽利略"收获"了什么，当时谁也猜不透。3 个月后，伽利略公布了答案，原来是："Cynthiae figuras aemulatur mater amorum." 把它译为中文便是："爱神的母亲仿效迪雅娜的位相。"熟悉罗马和希腊神话的人都知道：金星就是爱神维纳斯，迪雅娜就是月神。

金星之所以这样明亮有几个原因：它离太阳和地球都比较近，加上它有浓厚的大气和云层，所以反射光的本领特别强。金星的大气早在 1761 年就被俄国学者罗蒙诺索夫发现了，这也是人们最早发现的行星大气。

与地球最像"姐妹"

论"个儿"，8 大行星中，金星与地球最为接近。金星的直径是地球的 95%，质量也达地球的 81.5%。它们的平均密度只差 5%，表面的引力也只有 10% 的区别。一个在地球上体重 50 千克的人，在水星上仅有 18.5 千克，在火星上则是 19 千克，可在金星上仍有 44 千克之多。金星离地球最近，它们距离最短时只有 4000 万千米。它也有一层大气，所以一些热心人就把它称作地球的"姐妹星"。然而现在我们知道，这一对"孪生姐妹"的"面

金　星

貌"，实际上几乎没有什么共同之处。

"体温"最热

金星终年被厚厚的云层包裹着，它把76%的阳光反射了出去，实际上它所得的太阳能比地球多不了多少。但出乎意料的是，它的"体温"却高得吓人：表面的平均温度为480℃！比离太阳最近的水星还高几十度！除了太阳以外，金星的"体温"在太阳系中是首屈一指的了。

金星表面的高温远远超过了生命生存的限度。在这样的温度下，许多熔点不高的金属，如锡、铅、锌等都成了液态。但更令人惊讶不已的是，即使是阳光照射甚少的两极地区及没有太阳的黑夜，它的"体温"也不会降下来，因此可以想象，在金星的夜晚，地面上不少岩石都会烧得微微发红呢！

金星为什么这样热？主要是因为浓密的金星大气中，绝大多数是二氧化碳，而二氧化碳就像玻璃花房一样，有"温室效应"，太阳的能量进来后，再也散不出去，所以温度变得越来越高。

最慢的自转

金星的自转问题一直到20世纪60年代应用了雷达技术才搞清楚。原来它的自转与众不同，不仅转得特别缓慢，而且方向也同其他大行星相反。其它8大行星，都是自西向东自转，金星却是自东向西自转。它自转一圈的时间，需要243个地球日，即相当于地球上8个月，比它绕太阳一圈（224.7天）的时间还长半个多月。天文学家们算出金星上的1"天"（昼夜）为117个地球日，这也是仅次于水星的次高记录。有趣的是，水星上的1"天"等于2"年"，而金星则差不多是1"年"等于2"天"。

因为金星自转是反向的，所以在那儿出现了"西天出太阳"的奇妙景象！我们地球上的日出只有几分钟时间，但金星上的太阳走得比蜗牛还慢，差不多要6个小时才会全部升起。更奇妙的是，因为金星大气比我们地球空气浓密100倍，它表面的气压也比我们地球大90倍，因此大气把光线弯曲得很厉害，在近地平线处，可能把光转过180°。这样，即使你背着太阳（朝东），仍可看到身后西边冉冉升起的红日。不过那时太阳已不是一个我们熟悉的圆轮了，而似一条围绕地平线的光带和天空中一连串的"镜象"。这种几乎近于怪诞的景象，有些类似于在金鱼缸水底看到的外面景象。

最早的金星凌日记录

当金星在太阳和地球中间经过时，就会发生"金星凌日"现象，看起来就像太阳圆面上有一个小黑点在移动。

金星凌日是很罕见的天象，每243年中只有4次机会。

然而，金星凌日在天文上一度曾经十分重要。18世纪初，英国天文学家哈雷（1656～1742）提出了一个用金星凌日来测定日、地距离的巧妙方法。可是据计算，下次金星凌日要到 1761 年。他知道自己决不可能活到一百多岁，去观测 1761 年的凌日，所以要求后人来实施。

科学家中有的是探索的勇士。法国有位天文学家名叫勒让提，他为了到印度去观测 1761 年的凌日，一年之前就搭上了远洋轮船。但是那时英国与法国正在交战，海上被封锁了，勒让提想尽办法，辗转绕道赶到印度，已经错过了时机。下次金星凌日在 1769 年。为了科学事业，他决定独自留在印度等待 8 年！

勒让提在 8 年中修造了观测站，了解当地风俗、气候情况，还兴致勃勃地学习本地语言，研究印度天文学，与当地人民结下了深厚的友谊。1769 年来了，他满怀信心地按计划做好了一切准备。可是老天恶作剧，整个五六月天气都很好，偏偏在 6 月 3 日金星走进日面前的十几分钟，风云突变，乌云卷着狂风，迅雷夹着大雨，把这位天文学家浇了个落汤鸡。而凌日结束后不久，却又是雨过天晴，阳光灿烂。

啼笑皆非的勒让提被搞得心灰意懒，终于病倒在床榻上。幸得当地居民的精心护理，才逐渐恢复。1771 年，他只得双手空空返回祖国。可是哪里知道祸不单行，因为他十多年未归，人们以为他已作了异乡之鬼，财产已被人继承，科学院院士的职位也被人替代了。他一怒之下向法庭起诉，可是反而败诉，几乎弄到不名分文……

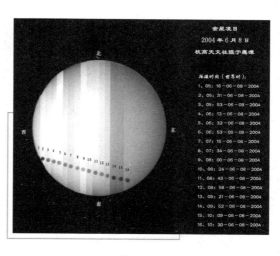

金星凌日

勒让提的悲剧发生在 18 世纪的时候。其实，古代很早就有人观测过金星凌日。1000 多年前，阿拉伯一个知识渊博的科学家法拉比曾经为后人留下了这个珍贵的记录。他在一张羊皮纸上写道："我看见了金星，它像太阳面庞上的一粒胎痣。"据考证，这次凌日的时间是公元910年，这是迄今所知的最早的金星凌日记录。

最美丽动人的行星——月球

每当夜幕降临，一轮明月升上夜空，清澈的月光洒满大地，让人产生无数情思遐想。文人墨客更是对月亮倍加青睐，唐代诗人张若虚的"江上何人初见月，江月何年初照人"，还有宋代文学家苏轼的"明月几时有，把酒问青天"，都可称得上是脍炙人口的咏月佳句。

月球俗称月亮，也称太阴。在中国古代神话中，关于月亮的故事数不胜数。古希腊神话中，月亮女神的名字叫阿尔特弥斯，同时她也是狩猎女神。月球的天文符号好像弯弯的娥眉，同时象征着阿尔特弥斯的神弓。

皓月当空，我们能够清楚地看到它上面有阴暗的部分和明亮的区域。

月 球

早期的天文学家在观察月球时，以为发暗的地区都有海水覆盖，因此把它们称为"海"。著名的有云海、湿海、静海等。

作为地球的天然卫星，月球的年龄大约也是46亿年，它与地球形影相随，关系密切。月球也有壳、幔、核等分层结构。最外层的月壳平均厚度约为60~65千米。月壳下面到1000千米的深度是月幔，它占了月球的大部分体积。月幔下面是月核，月核的温度约为1000℃，很可能是熔融状态的。月球直径约3476千米，是地球的3/11；体积只有地球的1/49；质量约7350亿亿吨，相当于地球质量的1/81；月面的重力差不多相当于地球重力的1/6。

最奇怪的山——环形山

环形山这个名字是伽利略起的。这是月面的显著特征，几乎布满了整个月面。最大的环形山是南极附近的贝利环形山，直径295千米，比海南岛还大一点。直径不小于1000米的环形山大约有33000个，占月面表面积的7%~10%。

有个日本学者在1969年提出一个环形山分类法，分为克拉维型（古老的环形山，一般都面目全非，有的还山中有山）、哥白尼型（年轻的环形山，常有"辐射纹"，内壁一般带有同心圆状的段丘，中央一般有中央峰）、阿基米德形（环壁较低，可能从哥白尼型演变而来）、碗型和酒窝型（小型环形山，有的直径不到1米）。

最大的月海

所谓月海，并非月球上面的海洋。事实上，到目前为止，人类还没有在月球上发现液态的水。其之所以被称为"海"，是因为早期的观察者发现到月面有部分地区较暗，而在当时无法清晰观察到月球表面的情况下，观察者们按照其对地球的认识，猜测该地区为海洋，因而其反光度比其他地方较低。相对地，其他比较光亮的地方也就被称之为月陆了。此外，还有被称为湖的"月湖"，被称为湾的"月湾"，被称为沼的"月沼"。

最大的月海叫"风暴洋"，位于月球的东北部，面积达500万平方千

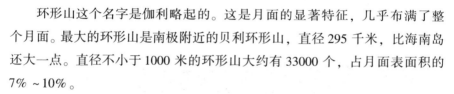

米，约等于9个法国的面积，相当于我国面积的1/2。雨海面积约为90万平方千米；月面中央的静海约有26万平方千米。月海的面积占月面总面积的16%。美国"阿波罗"宇宙飞船曾6次在月海上登陆，如"阿波罗－11"号、"阿波罗－17"号着陆于静海，"阿波罗－12"号着落于风暴洋。宇航员身穿宇航服，在"海面"上行走，并留下一串串约3厘米深的脚印。

最早的月食

古代月食记录有时可用来推定历史事件的年代。中国古代迷信的说法把月食叫作天狗吃月亮。

月食是一种特殊的天文现象，指当月球运行至地球的阴影部分时，在月球和地球之间的地区会因为太阳光被地球所遮闭，而看到月球缺了一块。也就是说，此时的太阳、地球、月球恰好（或几乎）在同一条直线（地球在太阳与月球之间），因此从太阳照射到月球的光线，会被地球所掩盖。以地

月　食

球而言，当月食发生的时候，太阳和月球的方向会相差 180°，所以月食必定发生在"望"（即农历 15 日前后）。要注意的是，月食只能发生在满月的时候，这时，太阳、地球和月球成一直线，整个月面被照亮，所以只要天清气朗，就能清楚看到这种壮观的场面。然而并不是每次满月都会发生月食，因为月球绕地球的轨道偏离了黄道约 5° 的交角，只有当满月时刻正好是月球在其轨道上穿过黄道平面时，才会发生月全食。

月食现象一直推动着人类对月球认识的发展。

最早的月食记录是公元前 2283 年两河流域的美索不达米亚的记录。中国在汉朝时，张衡就已经发现了月食的原理。公元前 4 世纪的古希腊亚里士多德根据月食看到地球影子的圆形而推断出地球是圆的。公元前 3 世纪古希腊的天文学家阿里斯塔克、公元前 2 世纪的古希腊喜帕恰斯都提出过通过月食来测定太阳、地球、月亮的大小。伊巴谷还提出在相距遥远的两个地方同时观测月食，来测量地理经度。2 世纪，古埃及托勒密利用古代月食记录来研究月球运动，这种方法一直延用到今天。在火箭和人造地球卫星出现之前，科学家一直通过观测月食来探索地球的大气结构。

最众说纷纭的成因

月球的起源莫衷一是、众说纷纭，但仍未有定论。有些科学家认为，月球在 46 亿年前，与地球一样是由宇宙的气体和尘埃形成的；另一些人则认为月球是地球的孩子，是从地球中分裂出去的。然而，"太阳神"号几次带回的数据显示，月球和地球的组成成份大不相同。不少科学家认为，月球在很多年以前，偶然被吸入地心引力范围，因而才意外地纳入地球的轨道，但也有人引用天体力学来反对这种说法。关于月球的起源，主要有以下几种说法：

（1）分裂说。这是最早解释月球起源的一种假设。早在 1898 年，著名生物学家达尔文的儿子乔治·达尔文就在《太阳系中的潮汐和类似效应》一文中指出，月球本来是地球的一部分，后来由于地球转速太快，把地球上的一部分物质抛了出去，这些物质脱离地球后形成了月球，而遗留在地球上的大坑，就是现在的太平洋。这一观点很快就受到了一些人的反对。

太阳系之最

他们认为，以地球的自转速度是无法将那样大的一块东西抛出去的。再说，如果月球是地球抛出去的，那么二者的物质成分就应该是一致的。可是通过对"阿波罗12号"飞船从月球上带回来的岩石样本进行化验分析，发现两者相差非常远。

（2）俘获说。这种假设认为，月球本来只是太阳系中的一颗小行星，有一次，因为运行到地球附近，被地球的引力所俘获，从此再也没有离开过地球。还有一种接近俘获说的观点认为，地球不断把进入自己轨道的物质吸积到一起，久而久之，吸积的东西越来越多，最终形成了月球。但也有人指出，像月球这样大的星球，地球恐怕没有那么大的力量能将它俘获。

（3）同源说。这一假设认为，地球和月球都是太阳系中浮动的星云，经过旋转和吸积，同时形成星体。在吸积过程中，地球比月球相应要快一点，成为"哥哥"。但这一假设也受到了客观存在的挑战。通过对"阿波罗12号"飞船从月球上带回来的岩石样本进行化验分析，人们发现月球要比地球古老得多。有人认为，月球年龄至少应在70亿年左右。

（4）大碰撞说。这是近年来关于月球成因的新假设。1986年3月20日，在休士顿约翰逊空间中心召开的月亮和行星讨论会上，美国洛斯阿拉莫斯国家实验室的本兹、斯莱特里和哈佛大学史密斯天体物理中心的卡梅伦共同提出了大碰撞假设。

这一假设认为，太阳系演化早期，在星际空间曾形成大量的"星子"，星子通过互相碰撞、吸积而长大。星子合并形成一个原始地球，同时也形成了一个相当于地球质量0.14倍的天体。这两个天体在各自演化过程中，分别形成了以铁为主的金属核和由硅酸盐构成的幔和壳。由于这两个天体相距不远，因此相遇的机会就很大。一次偶然的机会，那个小的天体以每秒5千米左右的速度撞向地球。剧烈的碰撞不仅改变了地球的运动状态，使地轴倾斜，而且还使那个小的天体被撞击破裂，硅酸盐壳和幔受热蒸发，膨胀的气体以及大的速度携带大量粉碎了的尘埃飞离地球。这些飞离地球的物质，主要有碰撞体的幔组成，也有少部分地球上的物质，比例大致为0.85:0.15。在撞击体破裂时与幔分离的金属核，因受膨胀飞离的气体所阻而减速，大约在4小时内被吸积到地球上。飞离地球的气体和尘埃，并没有完全脱离地球的引力控制。他们通过相互吸积而结合起来，形成全部熔融的月球，或者是先形成几个分离的小月球，再逐渐吸积形成一个部分熔融的大月球。

最红的行星——火星

星空中最红的行星

只要稍稍留神一下星空，就不难发现星光的颜色不尽相同：有的洁白，有的发蓝，有的略显橙黄，有的却呈红色。火星就是全天空中最红的星星。凭着这个与众不同的色彩，人们就不难把它从满天的繁星中辨认出来。火星发出红光的原因，是它表面的土壤中含有不少铁的氧化物。

在古希腊神话中，火星被称为战神，这或许是由于它鲜红的颜色而得来的，所以火星有时被称为"红色行星"（在希腊人之前，古罗马人曾把火星作为农耕之神来供奉，而爱好侵略扩张的希腊人却把火星作为战争的象征），而月份3月的名字也是得自于火星。火星的另一名称是"荧惑"，这是由于火星呈红色，荧光像火，亮度常有变化；而且在天空中运动，有时从西向东，有时又从东向西，情况复杂，令人

火星的表面

迷惑，所以我国古代叫它"荧惑"，有"荧荧火光，离离乱惑"之意。

最想移居的行星

殖民火星是指人类在火星上居住。许多研究与理论都将火星当成一个

可行的殖民地，它的表面状况与水分的来源使得火星成为太阳系除地球外最适合人类居住的星球。因为火星的环境具有改造成适合生物生存的可能性，火星被许多科学家（其中也包括史蒂芬·霍金）认为是一个殖民的理想行星。2003 年美国发射了"勇气号"和"机遇号"火星探测器着陆；2003 年欧洲发射"火星快车"；2007 年美国发射"凤凰号"火星极地着陆探测器；2009 年俄罗斯发射探测器"火卫一"。

表面平均温度与地球最相仿

火星比地球小得多，它的半径只有 3395 千米，但它却有"天空中的小地球"的称号。因为它有明显的大气层，每昼夜的时间只比地球长半小时，一年也有四季之分。白天，火星赤道附近可达到 20℃ 左右，夜晚则与我们的南极相仿。在天空中的 8 大行星中，它的表面平均温度最接近地球。

拥有最多天然卫星

火星有 2 个小型的近地面卫星。"火卫一"的环绕运动半径小于同步运行轨道半径，因此它的运行速度快，通常每天有 2 次西升东落的过程。由于它离火星表面过近，以至于从火星表面的任何角度都无法在地平线上看到它。

据推断，由于它的运行轨道小于同步运行的轨道，所以潮汐力正不断地使它的轨道越变越小（最近的统计数字表明，它正以每世纪 1.8 米的速度在减小）。所以，据估计大约 5000 万年后，"火卫一"不是撞向火星，便是分解而成为光环。（这同月亮的升

火星远景

力的反作用力的作用效果相似。)

"火卫二"和"火卫一"是由像 C 型小行星那般的富含碳的岩石组成的，并且它们都有很深的地坑。

自转周期最接近地球

除金星以外，火星离地球最近。与地球相比，火星的质量比地球质量小 1/9，半径仅为地球半径的 1/2 左右，但火星在许多方面与地球较为相像。火星的自转周期最接近地球，自转一周为 24 小时 37 分 22.6 秒。火星上的一昼夜比地球上的一昼夜稍长一点。火星公转一周约为 687 天，火星的 1 年约等于地球的 2 年。

最狂热的"火星人"幻想

人们对火星感到莫大的兴趣，不仅因为它有不少与地球类似的特性，

太阳系之最

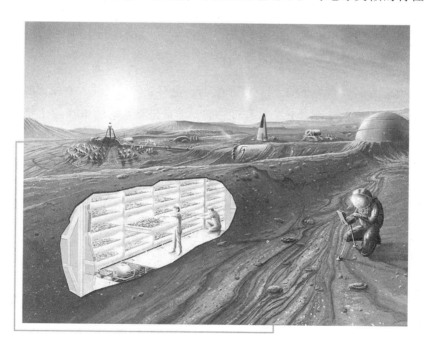

幻想——人类移居火星

更因为 19 世纪出现了一件轰动世界的大新闻。1877 年，一个意大利天文学家观测到火星表面上有不少相当规则的"线条"，有人以为这是火星上的"大运河"，还描绘出了火星"运河网"的位置图。一些以"火星人"为主题的小说、电影纷纷出笼，有的甚至绘声绘色地描写"火星人"征服了地球，一时间热闹异常。直到 20 世纪 40 年代，苏联学者季霍夫还坚持认为，火星表面的颜色随季节改变是由于"火星植物"的枯萎造成的。1958 年，前苏联有个教授更有惊人之语，根据他对火星 2 个小卫星的观测和计算，肯定它们不是自然界的产物，而是"火星人"在史前时期发射上天的"人造火星卫星"。如果现在在火星地表下面已找不到火星人的话，那么，他们的高度文明一定完整无损地保存在这两个"太空博物馆"内。

行星中的巨人——木星

行星里的最大者

木星是行星世界里的"巨人"。它的质量有 2 亿亿亿吨，不仅比地球大得多，就是它的 7 个"兄弟"合在一起，质量也只及它的 40%。木星的赤道半径为 71400 千米，所以在它赤道上绕一圈长达 45 万千米，比我们到月球的距离还远呢！目前世界上飞得最快的飞机时速为 3523 千米，已超过声音的 2 倍多，可绕它一圈也得花 5 天多。按体积讲，它比地球大1300多倍。

这颗最大的行星的结构很奇特，它不像水星、金星、地球和火星那样，有一个坚实的岩石表面。在它浓密的大气下面，是一个液态氢构成的浩瀚的大海。由于那儿的气压很高（几千大气压），所以尽管液氢里面的温度有 5000℃ 左右，但并不会蒸干，只是像一锅鼎沸的油那样在剧烈地翻腾。液氢的下面则是一层很奇特的金属氢层（也呈液态），它可以像金属一样导电。至于最核心部分是什么东西，现在还不能肯定。有人认为尚有一个半径 1.2 万千米的固体岩芯，也有人认为整个木星根本没有固体。根据计算，木星核心的温度和压力是十分惊人的：温度有 30000℃，压力达 1 亿大气压，也就是说，在一支圆珠笔的笔尖上也要承受上百吨的压力呢！

自转速度最快

木星虽然是一个高大魁梧的"巨人"，但是它的行动却很敏捷，自转的速度比谁都快。在赤道上，它的自转周期只有 9 小时 50 分 30 秒，因此那儿自转的线速度竟达每秒 12.6 千米，这比刚出膛的步枪子弹还要快 15 倍，差不多可与登月的阿波罗飞船并驾齐驱了。我们知道，木星没有固体表面（所以上面要指明这是赤道上的自转，其它地方要

木　星

比赤道上转得慢），这样快的转动产生了强大的离心力，使它明显地变了形。一眼就可看出，木星是个扁球，两极处的半径比赤道半径短 4 千千米左右，相差 6%。

不过，论扁度它还及不上土星。土星自转一圈（10 小时 14 分）虽比它慢 24 分钟，可是因为土星表面物质更稀松，流动性更大，所以土星的赤道半径比两极半径长 10%，比木星更扁。

最像恒星的行星

长期以来，人们总是把能不能发光作为区别恒星与行星的标准。太阳能发光，所以归入恒星，而地球和火星等，完全是靠反射阳光发亮的，因此统统称为行星。过去人们谁也没怀疑过这条金科玉律。

可是，科学家们近来发现，木星在不少方面竟像一颗恒星，至少说它

有些"不伦不类"。这不仅是因为它的化学成分与太阳相似，也是氢、氦为主（氦是氢的10%），而且还在不断地发出"光"和热来！甚至和太阳一样也会发出无线电波（射电）和能量较高的电子。

事实上，现在也确有少数天文学家认为，木星将来有可能会变成一颗恒星，与太阳成为一对双星。

最奇怪的红外光

木星发出的光是肉眼不能察觉的红外光，它使得木星大气的温度比理论计算值高了50℃。木星发出的电子也可跑得很远，向内可以打到水星的区域，向外则可射到土星周围。

木星发出的能量从何而来？大多数科学家认为，这可能是木星内部还在不断收缩的缘故。天体收缩时，势能就会变成其他形式的能量而释放出来（如高空落物碰地会发热一样）。木星的半径是地球的10多倍，是太阳的1/10多，难怪它会有些像恒星了，可它也只能说是"有些像"而已。木星的质量只有太阳的1/1000。如果它的质量再大上70多倍，那时内部的压力和温度就会达到引起热核反应的程度，而会变成一颗真正的恒星了。

最漂亮的行星——土星

最"时髦"的行星

土星的名字虽"土"，但在它身上却找不到一丁点儿泥土，也丝毫没有什么"土气"。相反的，土星是天空中最"时髦"、最美丽动人的天体。凡是在望远镜与它见过一面的人，就绝不会忘记它那漂亮的身容。

土星有一个美丽的光环。这个光环，实际上包含了好几个环，总宽度达20万千米，但厚度却出奇的小，只有2～4千米。倘按比例缩小，光环就像一张足以盖没羽毛球场的薄纸。土星的光环比较亮，因为组成光环的大多是能反射光线的小冰块。如果把环中的物质全部凝聚在一起，则可构成一个相当于月球大小的卫星。

土星的光环发现得很早，当初伽利略就看到了土星旁边有两个模模糊糊的"附着物"，可是他的望远镜口径太小，所以尽管这位科学老人费尽心机，仍是不明究竟。于是，他效仿发现

土　星

金星位相的做法，又发表了一组字谜："Smaismermilmepoetaievmibuneu-nagttaviras."它的谜底是："Altissiman planetam tergeminum observavi."意思是："我曾看见最高行星有三个。"当时，人们以为土星是太阳系的边界，所以把它称为"最高行星"。伽利略把"附着物"——光环，当成了还有另外两个"最高行星"。

土星的美丽光环

后来，伽利略看到这两个"附着物"日渐缩小，两年后竟完全"消失"了，这种情况使他大惑不解。他不禁喃喃自问："难道'萨都纳'真的把自己的孩子吃掉了吗?"原来，西方称土星为"萨都纳"，他是神话中主管农业的天神。据说他听信巫师的胡言，怕自己的儿女将来超过自己，而凶残地要吞吃刚生下的儿子。当然，伽利略并不真相信这

一点。遗憾的是，直到他临终，也没把这件事弄明白。

20世纪70年代，人们进行了大规模的空间探测，1979～1981年间，"先驱者11号"、"旅行者1号、2号"先后拜访了土星，有的还从光环中穿越而过，因此获得了极其珍贵的资料。

土星光环实际上是由无数小光环组成的，远远看去就像一张硕大无比的密纹唱片。

拥有最多卫星

土星还是太阳系中卫星数目最多的一颗行星，周围有许多大大小小的卫星紧紧围绕着它旋转，就像一个小家族。近几年随着观测技术的不断提高，发现的大行星卫星的数量急剧攀升，目前已发现的土星卫星就已经超过了60颗。土星卫星的形态各种各样，五花八门，使天文学家们对它们产生了极大的兴趣。最著名的"土卫六"上有大气，是目前发现的太阳系卫星中，唯一有大气存在的天体。

最轻的星星

土星在行星行列中，也可堪称为一个"巨人"。它的赤道半径有6万千米，仅比木星小1万千米，所以环游它一圈就相当于我们到月球去探险旅行。但土星的质量却只有木星的29.9%，为5688万亿亿吨，因此不难算出，它的平均密度只有0.7克/厘米^3，也就比水还小30%，与奶酪相仿。倘若真有一个硕大无边的大海，则土星可以像软木塞那样，浮在这个海上随波逐流……

土星虽然巨大，质量有我们地球的95倍，可是它的表面引力并不大，只比地球上大15%，也就是说，地球上体重为50千克的人，在土星上也只不过重57.5千克。

最不引人注意的行星——天王星

最暗淡的行星

在晴朗无月的夜空中，一个视力正常的人，能看到最暗的星是 6 等星。天王星最亮时的星等是 5.5 等，比 6 等星要亮 60% 左右。按理说，它早就应该引起人们的注意，可是不知为什么，在 18 世纪以前的漫长岁月中，竟会无人注意它！

一直到 1781 年，英国一个音乐师威廉·赫歇尔，在用他自制的望远镜作巡天观测时，发现了一颗特别的天体，它有一个隐约可见的绿色视圆面。赫歇尔最初把它当作彗星，因为从来还没听说过行星能为人发现。但从接连的观测中，他很快算出了它的轨道，证明它确实是一颗行星。这是在水、金、火、木、土等早为人们所知的行星之外，在 18 世纪第一颗被人发现的行星，

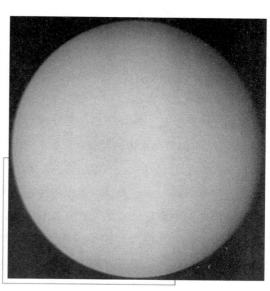

天王星

也是肉眼能见到的最暗的行星。它被取名为天王星。

天王星的发现，大大开阔了人们的眼界。原先人们把土星作为太阳系的边界，而现在却一下子把范围扩大了 1 倍多。

其实，在赫歇尔之前，并非真的无人见到过它，有很多历史文献曾经有过记载。甚至在 1609 年（望远镜还未指向天空），就已有人和它打过交

太阳系之最

道。后来，在 1750～1769 年的 20 年间，法国有个天文学家曾经把它记录了 12 次，而且他也的确发现它的位置每次都有微小的变动。可是这位天文学家却自作聪明，把这种变动归咎于自己观测的误差，因此仍然把它当作恒星。还有一个人把观测记录随手记在包香水瓶的纸上，过后又随便扔掉了，等发现天王星的消息传来，他才后悔不迭。可见，一丝不苟、追根寻源的精神在科学研究中是何等的重要！

最奇特的自转

天王星的半径不到 26000 千米，质量为 874 万亿亿吨，平均密度为 1.3 克/厘米^3，这些都没什么特别的地方。

精彩的是它奇怪的自转方式。它的赤道面与轨道面的交角为 98°，所以像一个淘气的孩子，一直在"地上"打滚。如果你来到天王星上，看到的天空将是混乱不堪的。如在天王星的"夏至"和"冬至"时，太阳几乎在极点的头顶上。从赤道上看，太阳又几乎一直在地平线附近打转儿。在天王星的北极处，自"春分"日太阳升起后，一直要经过 42 年才会落下，而接着的 42 年却又是永恒的黑夜。

在天王星的天空中，水星、金星、地球、火星是无法看到的，因为它们都在"地平线"上，而且与太阳的角距离太小，总是淹没在太阳光中。

不过我们不要忘记，天王星离太阳比我们远 18 倍，所以那儿见到的太阳已小得可怜，只相当于 40 米外的一枚 5 分硬币。它的光芒也不会叫你睁不开眼睛，因为它只相当于 1200 个满月或大约 60 厘米外一盏百瓦电灯。

最奇怪的发现——海王星

最奇怪的发现——纸上的发现

海王星最亮时候的光也只有 7.8 等，比肉眼所能见的最暗极限还弱 4 倍，看来，找它非得仰仗大望远镜不可了。然而事实并非如此，海王星是在两个外国青年天文学家的笔尖底下"发现"的。

自1781年发现天王星后，人们又发现它在轨道上不住地在跳着"扭摆舞"，准确的理论用在天王星身上总要有些偏差。到19纪40年代时，理论和观测的误差已达到2角分之多。多数人认为，这是因为天王星外还有一个"隐身人"在"引诱"着它！

当时，英国有个24岁的大学生叫亚当斯，他深信这颗行星的确存在着，而且花了两年时间，终于算得了

海王星

结果。他兴冲冲地去求见格林威治皇家天文台，要求他们协助证实。可惜这位台长并不是"伯乐"，对于"无名之辈"的计算成果，并未认真阅读就束之高阁了。

幸运的是法国也有个初生之犊——勒维耶，他也在计算天王星的这个不露面的伙伴的位置。计算是极其复杂的，但他未被这个包含33个方程式的难题所吓倒，不分昼夜暑寒地攻关，终于得到了解答。勒维耶把他的计算及时寄给了德国柏林天文台，加勒台长在接到信的第二天——1846年9月23日晚上，就把望远镜指向了勒维耶所说的宝瓶座方向，并在离他预言的位置不到1度的地方找到了一个星表上所没有的8等小星。接着，人们很快地证实，这就是人们期待已久的新的行星——海王星。

海王星是人类用笔在纸上"发现"的行星。它的发现，是人类智慧的结晶，生动地证明了科学预言的巨大威力，恩格斯对此曾给予极高的评价。

其他行星之最

最惊异——冥王星被"开除"

　　按照国际天文学联合会的定义，一个天体要被称为行星，需要满足3个条件：围绕太阳公转、质量大到自身引力足以使它变成球体，并且能够清除其公转轨道周围的其他物体。同时满足上述三个条件的只有水星、金星、地球、火星、木星、土星、天王星和海王星，它们都是在1990年以前被发现的。而同样具有足够质量、成圆球形，但不能清除其轨道附近其他物体的天体称为"矮行星"，冥王星恰好符合这一定义，并被国际天文学联合会确认是一颗"矮行星"。

　　围绕太阳运转，形状不规则，也不能清除公转轨道周围物体的天体统称为"太阳系小天体"。众多太阳系小天体主要集中

冥王星

在火星和木星轨道之间，估计有50000多颗，现在已发现7000多颗。

　　行星通常指自身不发光的球体，环绕着恒星的天体。一般来说行星需

具有一定质量，行星的质量要足够的大（相对于月球）。迄今为止发现的宇宙最年轻行星——金牛座内行星且近似于圆球状，自身不能像恒星那样发生核聚变反应。2007年5月，麻省理工学院一组太空科学研究队发现了宇宙中最热的行星（2040℃）。位居太阳系9大行星末席70多年的冥王星，自发现之日起地位就备受争议。经过天文学界多年的争论以及本届国际天文学联合会大会上数天的争吵，冥王星终于"惨遭降级"，被驱逐出了行星家族。从此之后，这个游走在太阳系边缘的天体将只能与其他一些差不多大的"兄弟姐妹"一道被称为"矮行星"。

2006年8月24日，根据国际天文学联合会大会通过的新定义，"行星"指的是围绕太阳运转、自身引力足以克服其体力而使天体呈圆球状，并且能够清除其轨道附近其他物体的天体。按照新的定义，太阳系行星将包括水星、金星、地球、火星、木星、土星、天王星和海王星。

新的天文发现不断使"9大行星"的传统观念受到质疑。天文学家先后发现冥王星与太阳系其他行星的一些不同之处。冥王星所处的轨道在海王星之外，属于太阳系外围的柯伊伯带，这个区域一直是太阳系小行星和彗星诞生的地方。20世纪90年代以来，天文学家发现柯伊伯带有更多围绕太阳运行的大天体。比如，美国天文学家布朗发现的"2003UB313"，就是一个直径和质量都超过冥王星的天体。

行星是如何形成的呢？在一个恒星边上，可能吸收了比较多的宇宙灰尘聚集，拿太阳举例：太阳大约在40亿年前，就吸收很多灰尘，灰尘之间互相碰撞，粘到一起。长期以来，出现了大量的行星胚叫做星子，当时至少有几十亿的星子围绕太阳运动。星子之间作用的规律是：两个星子如果大小差距悬殊，并且彼此的速度不大，碰撞以后，小星子就会被大星子吸引而被吃掉。这样，大的星子越来越大。如果两个星子大小差不多，彼此速度很大，他们碰撞后就会破裂，形成许多小块，而后，这些小块又陆续被大星子吃掉。这样，星子越来越少。大行星就是当时比较大的星子，无数小行星就是当时互相吞并时期没有被吃的幸运儿。

地外行星之最早发现

太阳系之外还有没有别的行星（地外行星）或行星系？这是一个很令人激动、极其有趣的敏感问题，因为它也是地外文明、宇宙人存在的前提。从科学角度而言，答案是肯定的。茫茫宇宙中应当存在着众多的地外行星，发现它只是迟早的问题。然而，所有恒星都极其遥远，绕恒星运转的行星本身又不发光，所以即使巨型望远镜也很难发现。

但科学家们并不停止他们的探索，光学方法不行就改用"红外"测量，因为只要不处于绝对零度（－273.16℃），任何物体都会发出红外辐射。果然，一颗美—荷—英的红外天文卫星在 1983 年被发现：织女星旁有一个较大的行星系统，至少也有一条小行星带。它的总质量可能与我们 9 大行星差不多，范围则是 80 天文单位。

我们知道织女星的光比太阳差不多强 60 倍。因此，如果要获得像地球那样的条件，则行星要离织女星 7.7 天文单位（11 亿千米多）处才比较合适。

在此后，又发现了两个很有希望的新的行星系统：一是离我们约 500 光年的金牛座 HL 星，在它周围已探测到有圆盘状的尘埃云，这正是形成行星的最好"温床"。另一个比它还远 4 倍，即 2000 光年的麒麟座 R 星。这两个尘埃云的成份与木星、土星极其相似，所以可能性也十分大。

最炽热的行星

2008 年 10 月，科学家们观测发现了迄今最炽热的行星——"WASP－12b"，其温度估计高达 2250℃，相当于太阳表面温度的 1/2，其质量是木星的 1.5 倍。WASP－12b 不仅仅是温度最高的行星，也是轨道运行最快的行星。它环绕主恒星运行一周只需要用一天时间，它与主恒星之间的距离也仅是地球与太阳距离的 1/40。太阳系外行星的光亮非常暗淡，因此不能直接通过捕捉它们发出的红外线和热量发现它们，但天文学家通过上述的过境观察能够了解行星的大小和运行轨道。通过这些数据，就可以算出有多少恒星光照到达了这颗行星，从而了解它们表面的温度。最热行星的记录

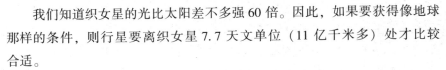

最炽热的行星——WASP‑12b

一直在被不断刷新。这次被 WASP‑12b 超过的那颗行星叫 HD 149026b，它的表面比木炭还黑，温度高达 2040℃。

最早的行星运行记录

从地球上看来，行星的运动不像恒星那样，而是比较复杂的。它们也在绕太阳旋转，所以在地球上看来，不仅它们的速度会时"快"时"慢"地变化，而且有时还会"停滞不前"，甚至"倒退"一段……为了解释这种怪现象，历史上出现了托勒密的地心系统。一直到 16 世纪时，波兰天文学家哥白尼才提出了科学的日心系统。

然而，最早的行星运行记录并不在西方，而是在我们祖国。在 1973 年湖南长沙马王堆的出土文物中，有一本描写当时所知的五大行星运行的书，既无书名，又无作者，更无写作、出版日期。但据多方考证，古代无名天文学家写这本书的时间，不会迟于公元前 170 年。为了整理方便，现已把此书取名为《五星占》。

太阳系之最

《五星占》中有关行星的记录约有 8000 字，详细描述了水、金、火、木、土等行星的运行情况，还一一列出了从秦始皇元年（公元前 246 年）到汉文帝三年（公元前 177 年）的 70 年中，金星、木星、土星的准确位置，并推得了它们的会合周期（指该行星连续两次走到与地球最近处的时间间隔）和公转周期，其精密度已与现代测得的精确值相差不多。显然，2000 多年前能达到这样的精度是了不起的成就。这比古希腊权威喜帕恰斯的记录至少早 1 个世纪。

小行星世界之最

最早被发现的小行星

1766 年，德国一个中学教师提丢斯发现，行星离太阳的距离似乎有某种规律可寻。他研究并提出了自己的见解。柏林天文台台长波得很赞成提丢斯的见解，并为之热心宣扬。所以，后来人们把它称为提丢斯—波得定则。根据这个规则，在火星与木星间似乎应该还有一颗行星。1781 年，威廉·赫歇尔发现的天王星也正好与这个定则规定的某个位置不谋而合。这样人们更相信，应当努力去搜索这个尚未露面的行星。终于，在人类进入 19 世纪的第一个晚上（1801 年 1 月 1 日），从意大利传出了喜讯：西西里天文台台长皮亚齐在金牛座内发现了一个陌生的天体。开始他以为这个天体可能是彗星，但后来从轨道计算中，马上肯定是人们期望中的行星。这是人类所知道的第一个小行星——谷神星（古罗马神话中西西里岛的农业保护神）。

小行星是行星世界里的"侏儒"。因为从大小、质量来讲，它们根本不能和 8 大行星相比，但却又有作为行星的"资格"：绕太阳作椭圆运动；自己不发光，因反射太阳光而发亮；与太阳的平均距离也符合提丢斯—波得定则；甚至近年来还发现有的小行星与大行星一样，还有自己的天然卫星。

小行星的数目极多，到 1978 年底为止，已正式编号、命名的小行星有 2118 颗，到 1985 年，已突破了 3000 大关。有人估计，星等暗到 21 等的小

谷神星

行星可能有 50 万颗，相当于一个中等城市的人口数。

最闪亮的小行星

小行星平时肉眼都无法看见，这是因为它们离太阳和地球都较远，接受到的阳光较少；更因为它们都十分小，直径只有数十千米。这样，反射到地球上的光便十分暗淡，只有在它们"冲日"时，才会显得比较明亮。

最亮的小行星是 1807 年发现的灶神星（4 号）。在冲日时，它相当于一个 6 等星，正好为人的肉眼所见的极限。

小行星里的最大者

皮亚齐所发现的谷神星，直径只有月球的 1/5，质量不到地球的 2/10000。尽管它是这么小，却是小行星世界中的"老大"。在现在已知的 3000 多颗小行星中，直径超过 100 千米的仅有 30 多颗。所以，直径 760 千米的谷神星实在已很了不起了，它的质量相当于所有其他小行星质量的总和。

小行星中最大的几颗就是早期发现的几颗。

小行星的名字是五花八门的：开始是沿用行星命名的习惯，冠以希腊或罗马神话中神灵的美名。但后来发现的小行星越来越多，便又有以国家、城市来命名的，如比利时、西班牙、纽约、北京等等。接着又用天文学家或科学家的名字来称谓。还有用诸如"道德"、"真理"之类的哲学名词来命名的。但即便如此，还是有许多小行星没有雅号，仅有一个索然无味的数字号码。

小行星里的最小者

绝大多数小行星可能是一些小石块、小铁片，因为离我们有亿万千米，所以无从察觉。在我们已知的3000多小行星中，最小的是1936年发现的2101号阿多尼斯。根据测定，它的质量约为5000万吨左右，只有最大的谷神星的二百亿分之一。它的直径仅只300米左右，只相

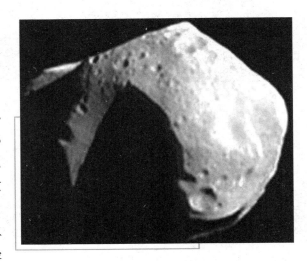

阿多尼斯小行星

当于一艘巨型航空母舰的长度。倘若它的形状是球形，则在它上面绕一圈也不满1千米。它的表面引力很小，一个体重50千克的人到它那儿只有0.75克，相当于地球上300粒大米的重量。在这样的小行星上可得十分小心，因为它的逃逸速度只有21厘米/秒，仅比蚂蚁爬行快6倍。所以，即使散步的速度也能使你飞到空中，而且永远不会落下来了。

最近的小行星

绝大多数小行星在火星和木星的轨道之间运行，平均离太阳 4.1 亿千米左右。但也有一批小行星爱与地球做近邻，它们与太阳的平均距离和地球差不多，现在已知这种小行星共 26 颗，它们组成了一个"阿波罗群"（阿波罗是西方神话中的太阳神）。

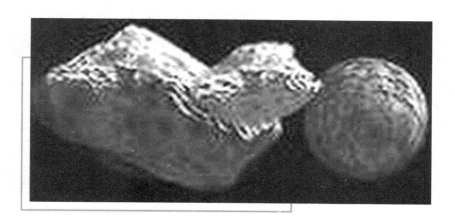

赫米斯小行星

从平均距离来说，离太阳最近的是 1978 年发现的 2100 号赖·夏洛姆。它与太阳的平均距离为 1.2 亿千米，比我们近 3000 万千米。而走到与太阳最近处的小行星却是 1566 号伊卡鲁斯。这颗于 1949 年发现的小天体虽然与太阳的平均距离为 1.5 亿千米左右，但因为轨道偏心率很大，所以它最近太阳时的距离只有 2700 万千米，比水星还近 1 倍！

就我们地球而言，小行星最近的距离是 1937 年 10 月 30 日的赫米斯。那时，它离地球仅仅只 70 万千米，还不到月球距离的 2 倍，就好像到了我们"家门口"。根据天文学家的计算，这颗半径只有 300 米的小行星，将来还会走到更近的地方，那时距离我们可能只有 60 万千米。

最远的小行星

过去一直认为，最远的小行星是 944 号希达尔各。这颗直径 20 千米的小行星，平均离太阳 8.7 亿千米，比木星还远。最远的时候可越过土星，有 14.5 亿千米之遥。

1977 年，人们发现的"柯瓦尔"天体，却远远打破了这个纪录。它的轨道半长径是日地距离的 13.7 倍，合 22 亿千米，已大大超过希达尔各的远日点了。它离太阳最远的时候，已快到天王星的"家门口"，离太阳 28.4 亿千米，最近的时候也还有 12.7 亿千米，比一般小行星尚远 2 倍多。

当天文学家在 1977 年 11 月 1 日刚发现它时，有些人认为这是太阳系中争论已久的第九颗大行星。但是后来

"柯瓦尔"天体

测得它的直径只有几百千米，根本无法与大行星"平起平坐"。人们给它的正式编号是 2060 号。

绕日周期最长的小行星

1920 年发现的第 944 号小行星——希达尔谷星围绕太阳旋转一周需要 14 年。希达尔谷星与太阳的平均距离是 5.794 天文单位（地球到太阳的平均距离叫天文单位），由于轨道偏心率很大，达 0.655，它离太阳最近时进入水星轨道以内，最远时则超越了土星轨道。

1977 年发现的编号为 2060 号小行星——柯瓦尔星的绕日周期更长，达 50.68 年，是已知周期最长的小行星。它的轨道近日点为 8.51 天文单位，在木星和土星轨道之间；远日点为 18.9 天文单位，几乎与天王星离太阳的平均距离相等。

发现小行星最多的人

小行星的发现曾在天文界引起过巨大的轰动。皮亚齐在发现了谷神星后，被尊为那不勒斯的皇家学会会员，他那穿着波旁家族衣服的肖像也成为公众争购的纪念品。而发现 5 号义神星和 6 号韶神星的德国业余天文爱好者亨克，也得到了普鲁士国王的嘉奖和厚赏。

奥地利天文学家帕里沙是一个佼佼者，从他 26 岁发现 136 号奥地利开始，8 年内发现了 28 颗小行星。可他那刚直不阿的脾气得罪了上司，一个海军上将借故把他撤职，革去"教授"头衔，还赶出了天文台。岂知帕里沙因祸得福，他到了拥有精良设

帕里沙

备的维也纳天文台。在此后 40 年中，他利用口径 68 厘米的望远镜又发现了 101 颗小行星，因此他一生发现了总共 125 颗小行星，创造了目视方法找小行星的最高记录。

目视法寻找小行星犹如大海捞针，并非易事，所以帕里沙的成绩是很了不起的。但自从运用了照相术后，局面有了飞速地变化。德国海德堡天文台 65 岁的沃耳夫，在 1881 年成功地用照相法发现了 323 号小行星布鲁西亚，在此后的七八年间，他一人又发现了 230 颗，比帕里沙 50 年的心血多了将近一倍。

天文台采用沃耳夫的新方法后，使得小行星队伍很快地壮大起来：1801～1881 年的 80 年间，人们仅知有 322 颗，而到 1953 年 11 月 20 日，仅

只72年时间，发现的小行星却已突破了1000大关！至今已有了3000多颗了。

中国人发现的最早的小行星

由于历史上的原因，小行星的"发现权"过去都为欧美国家所垄断。虽然139号小行星是1874年10月10日在中国北京发现的，它的名字"九华"也是清朝的皇帝"赐"的，但它并不能算真正的"国货"，因为发现者是美国人华生。

最先打破这个垄断局面的是26岁的中国天文学家张钰哲。1928年，他在美国工作时成功地发现了1125号小行星，这也是第一颗由中国人发现的小行星。为了表达对远隔重洋的祖国的怀念，他把它取名为"中华"（China）。

解放以后，在张钰哲台长的领导下，紫金山天文台在20多年间，进行了5000多次小行星观测，陆续找到的小行星达400多颗，其中100多颗的轨道亦已算出。按国际规定，一定要根据算出的轨道再观测到2次"冲日"，才有资格正式编号及命名，所以迄今为止，我国发现的并已正式命名的小行星除了"中华"外，还有41颗。

国际上为了表彰张钰哲台长的贡献，已把美国近年发现的2051号小行星取名为"Chang"（张）。

太阳系之最

彗星和卫星之最

星空中最神秘者

最奇特的"扫帚星"

我们民间所说的"扫帚星",是一个"披头散发"的怪客,天文上则称作彗星。通常,大彗星都有一条长尾巴,它来得突然,去得神秘,以前常把它看作凶兆,将一些天灾人祸附会在它的身上,加上某些宗教人士的渲染,更增加了人们的惶恐心理。

扫帚星

彗星过去之所以能吓唬许多人,同它庞大的"身躯"不无关系。因为就大小、体积而言,彗星确实是太阳系中真正的超级"巨人",连太阳也比不上它。彗星连同它的"尾巴",常常跨越几千万千米,最长的一条彗尾甚至长达 9 亿千米,可以从太阳伸到木星轨道!

彗星最中心、也是最主要的部分，是一个很小的固体核，叫"彗核"，大小不过几百米到上百千米左右，它的主要成分是尘埃、小石块和冻结了的水汽、氨、甲烷、二氧化碳等，平均密度只有 0.01 ~ 1 克/厘米^3。

在彗星逐渐运动到靠近太阳的地区时，它受到太阳的光和热越来越多，这时，彗核内的冻结物开始气化、蒸发，并开始"发"光；同时在彗核周围也形成了一个云雾状的结构——"彗发"。彗核和彗发合称为"彗头"。彗头就大得多了。例如彗星 18111 的彗头直径是 1200 万千米，是太阳直径的 10 倍。在彗头后面（背向太阳），由于"太阳风"和太阳光的压力把彗核蒸发出的物质不断吹走，所以形成了"彗尾"。彗尾的长度常以几千万、几万万千米计量。彗尾内的主要成分大都是一些气体离子，如一氧化碳离子、氰化物、电离的氮气和甲基等。

最可怕的想象

彗星虽然硕大无比，可是腹中空空，密度非常小。它的质量甚至还不及一颗不大的小行星。大彗星也只不过几千亿到几十亿亿吨，至多只及地

慧星

球的几十万分之一，而小彗星的质量甚至只有几十亿吨。如果我们把地球比作 5 吨重的大象，则最大的彗星也只有一只小橘子（1 两）那么重，多数彗星则比一粒芝麻还轻。即使是最密的彗核，密度也常比水小得多。在彗头部分，星光也可以自由地穿过，丝毫不受影响。彗星的平均密度约每立方厘米 0.00000000001 克左右，只有我们周围大气的一亿分之一。在它更稀薄的彗尾中，密度便更小了，可说是"看得见的虚空"。如果把彗尾物质"切"成截面积为 1 平方米的长条，即使它长到可以联结地球和太阳（1.5 亿千米），总共也只有 1.5 克重。由此可见，怕彗星把地球撞坏，纯属庸人自扰，杞人忧天。谁曾见过蚂蚁吹口气（假如它会"吹气"的话）能把大象掀倒在地呢？

周期最短的行星

彗星的轨道一般都很扁长，在已算出轨道的 992 颗彗星中，有 613 颗是一去不复返的，仅有 299 颗是轨道为椭圆的周期彗星。其中绕日一圈短于 200 年的有 130 颗。而周期最短，因而"回娘家"最勤的是恩克彗星。

恩克彗星亦称恩克—庞斯彗星，发现于 1818 年 11 月 26 日，发现者庞斯是马赛天文台的一个看门工人，而恩克则最先算出了它的轨道。它的绕日周期为 3.3 年。恩克彗星并不大，最亮时也只相当于一个 5 等星，多数时间没有彗尾，只像一团轮廓模模糊糊的云

恩克彗星

絮。观测发现，它的周期在不断缩短，这就意味着它正在逐渐接近太阳。

目前已知周期最长的彗星是 19101，按初步计算，在 400 万年内它绝不会回到太阳附近。

历时最长的彗星

彗星常常突如其来地出现在天穹，我们肉眼能见的时间一般约两三个月左右。但 1811 年出现的那颗大彗星，却从 8 月 26 日炯炯放光，一直到第二年 8 月 17 日才悄悄隐去，在人们眼前逛荡了 491 天。据说，当年拿破仑在侵略俄国的道路上，见到了这颗彗尾长达 1.6 亿千米的大彗星后，曾经兴奋一时，以为这是俄国沦亡的征兆……当然，结果总是与侵略者的愿望相反，彗星并不能为他赢得侵略战争的胜利。

肉眼可见的彗星并不多，但用望远镜观测，每年平均总可找到六七个。1970 年，人们一共记下了 29 个彗星，成为发现彗星最多的一年。

与此相反，1948 年却是无彗星年，整整一年天空中找不到彗星的踪迹。

哪个彗星的尾巴最多

彗星的最大特征便是它有大小不一、形状各异的尾巴——彗尾。有的几乎是笔直的一条直线，有的宛如弯弓，有的酷似一把打开的折扇……每颗彗星彗尾的数目也各不相同，少数彗星始终没有尾巴，大多数是一彗一尾，但同时有两条彗尾的也有不少，如 1941Ⅴ 德拉旺彗星、1957d 莫尔科斯彗星等。我国史书上曾记载过，开成二年二月丙午（公元 837 年 3 月 22 日），天上出现了彗星，19 天后，彗星的尾巴变成了两条。据考证，这个彗星就是著名的哈雷彗星。另外从长沙马王堆汉墓中出土的一张彗星图中，也可看出我国古代人民早已记下了不少两尾、三尾、四尾的彗星了。

然而，最令人惊叹不已的却是出现在 200 多年前的歇索彗星。1744 年 3 月 8 日和 9 日两天的凌晨，不少人看到有 6 条明亮的彗尾从东方的地平线底下升向天穹，占据的空间宽到 44°之多。天际一圈才不过 360°，所以它差不多占了 1/8。遗憾的是，歇索彗星的头部却始终在地平线之下，不肯露面。

最亮的彗星

我们知道，彗星只有回到近日点附近时，才有可能被人类用肉眼看见。有些彗星甚至在最近时也非得用望远镜不可。据统计，从 19 世纪到现在，引人瞩目的大彗星不过20多个，即平均八九年才有一颗肉眼可见的彗星。

"1861 Ⅱ"是1861年6月出现的一颗大彗星，到6月30日晚间，其亮度足以与明灿灿的金星比高低。几天之后，它的扇形尾竟长达118°之多。它那云状的核在望远镜内清晰可见。

但如果与1680年的大彗星相比，它就相形见绌了。据记载，1680年的那颗彗星，最亮时的光度竟达到－18等。我们知道，中

"1861 Ⅱ"彗星

秋的皓月，也只不过相当于－12.6等，这颗彗星比100多个满月的月光还明亮！它的出现，使当时的许多人惴惴不安。史书上是这样记载的："一颗近来还从没有见过的大彗星，使我们科学院的学者们日夜操心。城里的人很害怕，胆怯的人以为又是一次洪水的预兆……胆小的人看见世界的末日快到了，赶忙写下他们的遗嘱，把他们的财产送给僧侣。在宫廷里，大家则议论着这飘荡的星究竟预兆哪位大人物的死亡。"还有位神学家硬是说这颗彗星是上帝用来惩罚作恶已多的人类的工具，它将于2926年12月2日归来时把地球毁灭。

当然这些都是无稽之谈。据天文学家计算，这是一颗长周期彗星，绕太阳转一圈需8800年。也就是说，它要8000多年以后，才会再次回到近日点。

与地球最亲密的接触

1770年7月1日，莱泽尔彗星以38.5千米/秒的速度（和太阳的相对速度），在离地球不到240万千米的地方经过。

1910年5月19日地球在哈雷彗星的尾巴里穿过，反过来说就是，哈雷

彗星和卫星之最

彗星的尾巴扫过了地球。

彗星的密度很小，倘若把彗星的密度压缩到和地球地壳的密度一样大，那么，最大的彗星也只有一座小山丘那么大。所以，彗星的尾巴扫过地球，对地球不会有什么影响。

最大的彗星是哪个

彗星的形状细长，甚至彗头也很少包含直径超过 1 千米的固体物质，而彗尾在 2500 立方千米的体积中所包含的固体物质还不到 1 立方厘米。彗星的尾巴有长达 32000 万千米的。

1892 年，霍姆斯彗星的彗头直径达 240 万千米。

1970 年 1 月，贝内特彗星外层围了一层氢气云，这层氢气云直径达 1275 万千米。

彗星之最——哈雷彗星

以英国天文学家哈雷命名的大彗星是一颗历史资料最丰富、最享盛名的短周期大彗星，这也是人类最早算出了轨道、准确了解周期、预言按时回来的彗星。

1705 年，49 岁的哈雷在计算 1682 年出现的大彗星轨道时，惊奇地发现，这与 1531、1607 年出现的两颗大彗星路径很为相近。他便意识到，这三颗大彗星实际上是同一颗彗星的三次出现。因而他大胆预言，这颗大彗星将于 1758 年再度回来。哈雷的预言在当时引起了轰动。后来，几个支持他的数学家考虑到大行星（主要是木星和土星）对这颗彗星的运动会有影响，又进一步作了精确的计算，把哈雷预言的时间挪后了几个月，即变为 1759 年 3 月至 5 月。

到了 1759 年春，人们无不怀着好奇的心情，一次又一次地仰望天空。果然，这颗大彗星如期地出现在人们的眼前，并在 3 月 12 日经过了近日点。哈雷的预言证实了，彗星也是可以研究的天体。为了纪念哈雷的功绩，人

彗星和卫星之最

们便把它命名为哈雷彗星。遗憾的是，哈雷已在 1742 年逝世，没能再一次见到他预言的这颗彗星。哈雷彗星是个逆行彗星（自东向西运行），轨道半长径为日地距离的 18 倍，周期 76 年，近日点只有 8800 万千米，在水星、金星的轨道中间，远日点 53 亿千米，已过了海王星轨道。

1910 年回来的哈雷彗星更加美丽动人，那次它的尾巴"扫"过了地球（5 月 19 日），所以很明亮，在晨曦中可清楚辨出。

彗星的观测和记录之最

最传奇的观测宗师——第谷

西方古书中很少有彗星的记述，这是由于古希腊的伟大学者亚里士多德的错误论断造成的。他认为，运行在天地之间的彗星是地球大气的某种燃烧现象，是会造成某些灾害性气候的先兆。他的武断结论甚至还束缚了哥白尼，在哥白尼的日心说太阳系图象中也没有彗星的地位。这位伟大的科学老人感叹地说："希腊人所谓的彗星，诞生在高层大气。"

一直到 1577 年 11 月 14 日，这个错误论断才被丹麦天文学家第谷·布拉赫所推翻。他利用两地对一颗大彗星的观测，证明它离地球

第 谷

的距离在 100 万千米以上，比月球还远。自此之后，西方天文学家才知道，彗星原来也是他们应该探索的奥秘。

第谷是一代观测宗师，他留下的大量观测资料误差从不超过 4 度，这相

当于 9 米外的一只苍蝇的张角，几乎达到了肉眼观测的极限。第谷又是个传奇式的人物，甚至他的诞生也使得家庭从此不得安宁。原来，他的生父曾经轻率许诺，如果他的妻子头胎是个男孩，他一定把婴儿过继给没有子女的哥哥，以示手足骨肉的深情。然而当第谷真的呱呱坠地时，这位贵族又反悔了，因此这两位有权势的亲兄弟闹得不可开交，最后哥哥不顾一切地抢走了襁褓中的第谷……

第谷的养父希望他学习法律，可第谷却爱上了神秘的星空。1572 年出现的一颗超新星（恒星突然爆发而变亮），更使他决心投身于天文学的研究，并作出了卓越的贡献。

第谷心高气傲，脾气暴烈，年轻时还曾与人决斗，因而被人削掉了鼻尖，后来只得用蜡制品来代替。可是，他在观测星星时却是一丝不苟、极其认真的。正因为如此，他才成为千古传颂的伟人。

最早的哈雷彗星记录

哈雷彗星的古代"档案"资料几乎全是中文："第一页"上的记录还是在公元前 1056 年（商末）的事情。从公元前 613 年（春秋时代）到 1910（清宣统二年）的 34 次回归中，我国史料仅缺 3 次，其它各次资料都十分丰富齐全，而西方第一次的哈雷彗星记录已是公元 66 年了。

中国人对哈雷彗星的记载，最早可上溯到殷商时代。"武王伐纣，东面而迎岁，至汜而水，至共头而坠。彗星出，而授殷人其柄。时有彗星，柄在东方，可以扫西人也！"（《淮南子·兵略训》）据张钰哲推算，这是公元前 1057 年的哈雷彗星回归的记录。更为确切的哈雷彗星记录是公元前 613 年（春秋鲁文公十四年）的"秋七月，有星孛入于北斗"。（《春秋左传·鲁文公十四年》）这是世界第一次关于哈雷彗星的确切记录。从公元前 240 年（战国秦始皇七年）起，哈雷彗星每次回归，中国均有记录。对哈雷彗星的记录有时是很详细的。其中最详细的记录，是公元前 12 年（汉元延元年）"七月辛未，有星孛于东井，践五诸侯，出河戍北率行轩辕、太微，后日六度有余，晨出东方。十三日，夕见西方，犯次妃，长秋，斗，填，蜂炎再贯紫宫中。大火当后，达天河，除于妃后之域。南逝度犯大角、摄提。

哈雷彗星

至天市而按节徐行，炎入市中，旬而后西去；五十六日与苍龙俱伏。"（《汉书·五行志》）中国古代彗星记录较精确可靠。

彗星分裂最早记录在我国

比拉彗星的分裂是因为受到太阳的"潮汐力"的作用。由于太阳对彗星各部分的吸引力不一样，近太阳的一端受到的引力大，远太阳的一面受到的引力小，这个差别，就称为"潮汐力"或"起潮力"。

其实，彗星因经不起太阳的潮汐力而瓦解，并非比拉彗星首创。1860年3月11日，李耶彗星曾在经近日点时分裂为3个彗星，因为那次分裂仅为几个天文学家所知，所以没有引起轰动。彗星瓦解的例子并不少，至少现在人们知道有8次流星雨与它们的瓦解物密切有关。

最早记录彗星分裂的是我国。在史书中有这样一段话："唐昭宗乾宁三年（公元896年）十月，有客星三，一大二小，在虚危间，乍合乍离，相随东行，状如斗，经三日而二小星先没，其大星后没虚危齐分也。"其大意是说：公元896年初冬时，在宝瓶座与小马座附近，有颗彗星分为三颗，二小一大，相随一起在天穹中移动，两个分裂物先在视野中消失，后来这颗彗星终于也慢慢看不见了。

这是世界上最早的彗星分裂记录。距今已 1000 多年。

最像火龙的流星

最大的火流星

如果流星体很大，闯入地球大气后就会变成十分壮观的火流星。它们不再是一条悦目的流星余迹线，而是一条从天而降的"火龙"。它的"龙头"是发出刺眼光芒的火球。它一边闪闪发光，一边沙沙作响，最后的爆炸声则如同霹雳一样，震撼大地。

有史以来最大的火流星，当推 1908 年 6 月 30 日早晨坠落在俄国西伯利亚通古斯地区的那颗。那天清晨，一个比太阳还耀眼的巨大火团呼啸而下，同时伴有震耳欲聋的轰鸣声，最后爆炸时发出的巨响，即使远在千里之外，也可清楚听到。爆炸气浪的冲击波，竟绕地球转了整整两圈，它落地时造成的震动扰乱了世界所有的地震记录仪，使 60 千米

火流星

范围内的原始森林变成了焦土。巨大的气浪还击倒了几百千米范围内的一切树木。倘若它"误点"5 个小时，则当时俄国的首都彼得堡就要在地图上消失了。

事后，人们在落地中心处找到了一个直径46米的深坑，在其周围3千米地区，直径在1米以上的坑洞竟有200多个。但令人困惑不解的是，虽经几个考察队仔细地搜索找寻，估计这颗原来有4万吨重的陨星却"消失"了，至今从未有人能找到它的任何碎片残骸，这就是举世闻名的"通古斯之谜"。

还有一次巨大的火流星也发生在西伯利亚，时间是1947年2月12日，当时的场面也很壮观，火球的亮度超过了太阳。这一次，在它的落地点西霍得·阿林地区，找到了大量的陨铁碎片，其中最大的一块达300千克！

最美丽动人的流星雨

最有趣的流星雨命名

狮子座流星雨在每年的11月14至21日左右出现。一般来说，流星的数目大约为每小时10至15颗，但平均每33至34年狮子座流星雨会出现一次高峰期，流星数目可超过每小时数千颗。这个现象与谭普－塔特而彗星的周期有关。流星雨产生时，流星看来会像由天空上

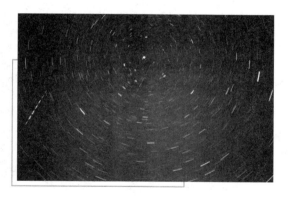

流星雨

某个特定的点发射出来，这个点称为"辐射点"，由于狮子座流星雨的辐射点位于狮子座，因而得名。

最著名的流星雨

双子座流星雨在每年的 12 月 13～14 日左右出现，最高时流量可以达到每小时 120 颗，且流量极大的持续时间比较长。双子座流星雨源自小行星 1983 TB，该小行星由 IRAS 卫星在 1983 年发现，科学家判断其可能是"燃尽"的彗星遗骸。双子座流星雨辐射点位于双子座，是最著名的流星雨。

大放异彩的英仙座流星雨

英仙座流星雨每年固定在 7 月 17 日到 8 月 24 日这段时间出现。它不但数量多，而且几乎从来没有在夏季星空中缺席过，是最适合非专业流星观测者的流星雨，地位列全年三大周期性流星雨之首。彗星 Swift – Tuttle 是英仙座流星雨之母，1992 年该彗星通过近日点前后，英仙座流星雨大放异彩，流星数目达到每小时 400 颗以上。

彗星和卫星之最

英仙座流星雨

与哈雷彗星最密切的流星雨

猎户座流星雨有 2 种，辐射点在参宿四附近的流星雨一般在每年的 10 月 20 日左右出现；辐射点在 ν 附近的流星雨则发生于 10 月 15 日到 10 月 30 日，极大日在 10 月 21 日。我们常说的猎户座流星雨是后者，它是由著名的哈雷彗星造成的。哈雷彗星每 76 年就会回到太阳系的核心区，散布在彗星轨道上的碎片则由于哈雷彗星轨道与地球轨道有两个相交点而形成了著名的猎户座流星雨和宝瓶座流星雨。

天文爱好者最热衷的流星雨

金牛座流星雨在每年的 10 月 25 日至 11 月 25 日左右出现，一般 11 月 8 日是其极大日。Encke 彗星轨道上的碎片形成了该流星雨，极大日时平均每小时可观测到 5 颗流星曳空而过。虽然其流量不大，但由于其周期稳定，所以也是广大天文爱好者最热衷的对象之一。

金牛座流星雨

彗星和卫星之最

周期性最强的流星雨

天龙座流星雨在每年的 10 月 6 ~ 10 日左右出现，极大日是 10 月 8 日。该流星雨是全年三大周期性流星雨之一，最高时流量可以达到 400 颗/小时。Giacobini－Zinner 彗星是天龙座流星雨的本源。

天琴座流星雨最早的记录

天琴座流星雨一般出现于每年的 4 月 19 日至 23 日，通常 22 日是极大日。该流星雨是我国最早记录的流星雨，在古代典籍《春秋》中就有对其在公元前 687 年大爆发的生动记载。彗星 1861 I 的轨道碎片形成了天琴座流星雨，该流星雨作为全年三大周期性流星雨之一在天文学中也占有极其重要的地位。

流星雨最古老的记载

流星雨的发现和记载，也是我国最早。《竹书纪年》中就有"夏帝癸十五年（约公元前 1600 年以前），夜中星陨如雨"的记载。这是世界上天琴座流星雨的最早记录。最详细的记录见于《左传》："鲁庄公七年夏四月辛卯夜，恒星不见，夜中星陨如雨。"鲁庄公七年是公元前 687 年。

我国古代关于流星雨的记录，大约有 180 次之多。其中天琴座流星雨记录大约有 9 次，英仙座流星雨大约 12 次，狮子座流星雨记录有 7 次。这些记录对于研究流星群轨道的演变也将是重要的资料。

彗星和卫星之最

最奇怪的陨星

科学家最感兴趣的陨石

陨石的确切来源至今还是一个令人激动的谜。

1983 年，美国科学家在南极考察时发现了大批陨石，其中有一块浅蓝与咖啡色相间的小陨石颇为别致，他们将其编号为 α81005。这颗陨石大小仅像高尔夫球（约3厘米），重不过31克，但它却引起了科学家们的浓厚兴趣，因为它的成份与众不同，主要是由一种包含于棕色玻璃状基体的斜长面组成的砾岩，与"阿波罗16号"宇航员从月球高原上带回的月岩极其相似。经过几个月的精心分析研究，α81005 确实是大约在10万年前月球与小行星碰撞时，从月亮上危海地区的一个环形山掉到地球上来的珍品。

这个结论的重要性在于为陨石的来源指明了方向。此后，人们又陆续发现了来自火星的陨石、来自某些小行星表面上的陨石……这些发现使陨石的起源和演化问题有了新的突破。

砸入地下最深的陨石

1976年3月8日下午3时许，一场历史上罕见的陨石雨陨落在中国吉林省吉林市北郊和永吉县、蛟河县的7个公社范围内。陨石陨落范围东西长

陨 石

彗星和卫星之最

72 千米，南北最宽约 8.5 千米，分布面积 400 多平方千米。其中最大的一号陨石，是现在世界上保存着的最大陨石，重 1770 千克。这块陨石落下时，砸入地下 6.5 米。

最不可思议的陨星坑

科学家们算过，如果陨星落地的速度超过 4 千米/秒（比声速快 10 倍），它在落地时会粉身碎骨，炸成很多碎片，而被它碰到的任何物体，也会在顷刻之间气化，最后在地面上留下一个漏斗状的大窟窿——陨星坑。现在已知的陨星坑已不下 150 个，但经考证确凿无疑的最大的陨星坑，位于美国亚利桑那州北部的科科尼诺县。它发现于 1891 年，其直径达 1245 米，坑最深处有 172 米，坑边的周围比附近地面高出 40 多米。它内壁的坡度很陡峭。人们在它四周已搜集到了几吨陨铁的碎片，最大的一块碎片重 450 千克。据文天学家们推算，这是发生在 25000 年前的一件惊天动地的大事，这颗陨星的母体重量可能有几十吨，那次撞击的威力不下于 30 个氢弹！

人造卫星帮助人们大开眼界。它在前苏联东西伯利亚最北处的哈坦加河附近，发现了一个直径竟达 100 千米的陨星坑，它下凹 400 米！推测这颗直径约为 1500 米的大陨星是在几千万年前坠落的，估计它原来是颗小行星。

我们知道，地球诞生至今已经历了 40 多亿年的漫长岁月，如果不是大气、雨水的严重侵蚀，也应像月球、水星那样伤痕累累，所以陨星坑理应多得多。但是，我们目前却只能找到最年轻的坑，那些最老的已被破坏得荡然无存了，还有一些"中年"的坑，也变得面目全非难以辨认。如在加拿大赫得森湾东部，人们发现了一个直径达 440 千米的依稀可辨的坑状结构，倘能证实也确是陨星坑，那肯定是"绝对冠军"了。直径 440 千米就意味着相当于整个江西省的面积。目前已发现的这种已面目全非的可能的大陨星坑（直径有几十千米）已有 80 多个。

彗星和卫星之最

陨石中的最特殊者

最惹人喜爱的陨石——玻璃陨石

除了上述陨石外，世界上还有一种很罕见的惹人喜爱的"玻璃质陨石"。它的主要成分是二氧化硅（占 70% ~ 80%）和氧化铝（10% ~ 16%），是一种天然的玻璃物质。叫人难以捉摸的是，它有固定的降落地区。世界上只有很少几个地方能找到它们，如亚澳散布区（包括中国雷州半岛和海南岛），象牙海岸散布区，捷克的莫尔达维散布区，包括美国得克萨斯、佐治亚州的北美散布区。

玻璃陨石

大多数的玻璃陨石都很小，一般只不过几厘米，而形状多数如纽扣或油滴，表面上常带有一些不深的特有的线纹。除了捷克地区的是绿色透明的外，其它一般都呈深褐色或黑色，也不透明。

我国是世界上最早记录玻璃陨石的国家。我国民间称它为"雷公墨"。从史料中知道，早在唐朝（公元 618 年 ~ 公元 907 年）就已有了它的记载："雷州骤雨后，人于野中得石如鳖石，谓之雷公墨。扣之铮然，光莹可爱。"（刘恂：《岭南录异》）说明这种在野外拾得的玻璃陨石像黑玻璃一样晶莹光亮，用手指轻弹还会发出清脆的声音。

玻璃陨石的成因，至今还是一个谜，奇特的地区分布也未找到合理的说明。

彗星和卫星之最

最频繁的玻璃陨石雨

据测定，在过去3500万年中，曾发生过四五次玻璃陨石雨事件。第一次在3200万～3400万年前，在北美洲；第二次在1400万～1500万年前，在欧洲；第三次在澳大利亚，离现在约300万～400万年；第四次在非洲象牙海岸一带，离现在110万～130万年；第五次在东南亚，离现在约70万年。

世界上最大的玻璃陨石

世界上最大的玻璃陨石重达3.2吨，是在老挝芒农发现的。现在这块玻璃陨石在法国巴黎。玻璃陨石是一种天然玻璃的碎片，含有丰富的硅石、铁矾、钾碱。这类天然玻璃很可能是从宇宙中来的。

最奇怪的"陨冰"

除了少见的玻璃陨石外，世界上还有一种极基稀罕而奇异的"陨冰"。

以前所确证的记录仅有两次。一次发生在美国威斯康星州的卡什顿城附近，时间是1955年8月30日，那天有一块重达3千克的大冰块落在一个男孩附近，摔成两块。经过加利福尼亚州科学家们的化验鉴定，可以肯定这是地球的"外宾"。

陨　冰

1963年8月27日，一块5千克的大冰块又从天而降，在莫斯科附近集体农庄的一个果园中摔得粉碎，把一个妇女吓得愣了半天，以至等冰化了一大堆水才去报告。

两次都发生在盛夏季节，当时天空中既无一丝云彩，又无任何飞机之

彗星和卫星之最

类飞行器经过，可以肯定不是人类的遗弃物。从科学家们所作的化验中也可以断定，它们原是运动在宇宙空间的一些巨大的冰块。

1983年4月11日，有一块巨冰从天而降，坠落在江苏省无锡市热闹的东门附近。它斜擦着一根水泥电杆轰然落地，把近旁的一个老太太吓得呆若木鸡，飞溅而起的碎冰还擦破了她的脸。满地的碎冰多数大小如拳，最大的则有10厘米，它灰白相间，还有人咬了一口，但又立即吐了出来，连连叫苦。现已从多方证实，无锡坠冰确实来自天外，是又一次罕见的陨冰事件。

陨星在进入大气层后，温度会升高到几千摄氏度，连铁、石都会气化，而陨冰落地时还有几千克重，可以想象原来的冰块有多大！

来自宇宙中最大的铁

1920年，在非洲纳米比亚南部格鲁特丰坦附近的西霍巴地区，发现一块大陨铁，长2.75米，宽2.43米，重达59000千克。这是目前发现的最大

陨　铁

— 63 —

的陨铁。这块陨铁至今还留在坠落的原地。

1897 年，在格陵兰岛梅尔维尔湾的约克角附近发现一块大陨铁。这个铁陨星是罗伯特·埃德温皮尔里指挥官率领的探险队发现的。这块陨铁重达 30882 千克，取名叫"帐蓬"，现在陈列在美国纽约海登天文馆里。

1898 年，在中国新疆准噶尔盆地东北部也发现一块陨铁，重约 30 吨，现在陈列在乌鲁木齐展览馆。

世界上唯一的陨星商

世界之大真是无奇不有，天上落下的陨星居然也会成为商品，可以用来做买卖赚钱。美国有个名叫罗伯特·哈格的人就是世间唯一的陨星商人，当然他同时也是一位陨星收藏专家。他编纂的陨星样品目录就包括了1000多颗各种各样大小不一的陨星，而陨星的价格相差甚为悬殊，便宜的只有几美元，而昂贵的则标价 25000 美元！

哈格生于 1955 年，并未受过正规的天文学教育，完全是靠自学走上这条道路的。据说在他 9 岁随父亲到加拿大旅行时，有一夜他见到了一颗美丽动人的明亮流星，他对此如痴如醉，并立志要在这方面有所作为。从此，他如饥似渴地学习天文学及陨星的有关知识，经常去博物馆参观陨星实物，写信向专家、教授求教，终于慢慢自学成才。现在他平均花 100 小时就可找到一颗陨星，当然更多的是从各地收购或者交换得到的。哈格现在很有信心，他曾自豪地说："天文学家只能仰望夜空中的天体，而我哈格却可以把这些小天体放在眼前，使我足不出户就可在天地之间漫游。"

卫星的世界之最

哪个卫星最先被发现

除了月亮以外，最先被人类发现的卫星是哪颗呢？

彗星和卫星之最

在哥白尼以前，人们认为地球是静止不动的，处于宇宙的中心；太阳、行星乃至恒星，都与月亮一样，在绕地球不停地作周日运动。

16世纪，波兰天文学家哥白尼（1473～1543）根据毕生研究的成果，终于在其临终前把他的观点公布于世。1543年《天体运行论》正式出版，这犹如巨石投河，顿时掀起了轩然大波。"地球不再是上帝的宠儿，只是与其他行星一样绕太阳运动的普通天体，万物"造主"的栖身之处——天堂也化为乌有了……"

卫 星

哥白尼为人们描绘了太阳系的本来面目：地球与其他行星都是绕太阳运行的行星，而月球在绕地球运转。但是，人们当时还不知道，其他许多行星也有自己的卫星。望远镜发明后，意大利学者伽利略便把它指向天空，这使人们眼界大开，发现了很多人们做梦也未想到的奇迹。其中之一便是在1610年初第一次发现了木星的卫星——木卫1、2、3、4。这4个绕着木星旋转的卫星，可以作为支持哥白尼日心学说的一个有力证据。为了纪念伽利略的这个功绩，后人把这4个最早发现的卫星一起称作伽利略卫星。

最近事情又有了戏剧性的变化，根据中国天文学家的考证和实地模拟试验证明，我国古代战国时期的天文学家甘德早在公元前364年夏天就发现了木卫3，他明确指出：木星"若有小赤星附于其侧，是谓同盟"。

卫星中的最"大个儿"

与行星一样，卫星彼此间大小相差也十分悬殊，大的"个儿"超过了冥王星和水星。过去认为最大的是土卫6，又名"提坦"，当时测定它的半径为2900千米±200千米（"±"表示可能的误差范围），介于水星与火星之间。

提坦也是除我们的月球外，人们最感兴趣、最关心的卫星。用望远镜观测，它是一个橙红色的星，离土星中心的距离是土星直径的100倍。最奇特的是它具有可与我们地球相比拟的浓厚大气层（其它两个卫星：木卫3和海王卫可能也有大气，但没有它那样浓密）。其主要成分是甲烷、氢以及乙烷、乙烯、乙炔等有机分子，这恰与我们地球上当初孕育出生命来的原始大气很类似，所以科学家们对它寄予着很大的希望。尤其在两个"海盗号"探测器登上火星找寻不到任何生命迹象以后，这个大卫星一度成为人们在太阳系内寻觅生命的最后希望所在。

"旅行者"的探测，极大地丰富、深化了人们对于卫星世界的认识。现在知道，土卫6也是一片不毛之地，而且，从"旅行者"发回的资料看来，冠亚军已颠倒了个儿。实际测量表明，土卫6的半径仅2560千米，而原来第二名的木卫3，半径却有2650千米，因

土卫6——提坦

而成为新的冠军。它的质量达 14900 亿亿吨，差不多是冥王星质量的 10 倍。

小巧玲珑的卫星

最大的 3 个卫星（木卫 3、土卫 6 和木卫 4）比水星还大。半径在 2400 千米以上，而小的卫星半径只有几千米。现在已知直径小于 100 千米的卫星共有 11 个：火卫 1，2，木卫 5～13。其中最小的是火卫 2 和木卫 13。

木卫 13 的半径在 1～7 千米之间，可能还不到 5 千米，体积只有提坦的 2 亿分之一。火卫 2 的形状并不规则，近似一个三轴椭球体，大小测得比较准确：15 千米×12 千米×11 千米。虽然它在卫星中是小弟弟，但如果搬到地球上，横躺在我们面前，却还是相当惊人的。它像一座大山，高达 11000 米，比珠穆朗玛峰还要高出 2000 米呢。火卫 2 表面有不少陨石撞击的坑洞，与月亮、水星上的环形山相像，远远看来，就像一只被老鼠啃得伤痕累累的马铃薯。

"跑得"最快和最慢的卫星

卫星绕行星的转动与行星绕太阳旋转一样，遵循开普勒定律。卫星离行星越近，转得越快，周期越短（周期的平方与平均距离的立方成正比）。火卫 1 离火星中心只有 9400 千米，因此它绕火星转一圈的时间最短，只有 7 小时 43 分。它比火星的自转周期（24 小时 37 分）快了 2 倍多，因此尽管它们转动的方向是相同的，都是自西向东，但在火星表面上看来，这个"小月亮"是西升东落的，而且一天之间要升起 2 次，这可算是太阳系内的又一奇迹。

公转最慢的是木星最外面的一颗卫星——木卫 9，它离木星 2370 万千米，绕木星一圈需要 758 天，比我们两年的时间还长。

迄今为止最小的天王星卫星

2003 年东部时间 9 月 28 日（时间 9 月 29 日），天文学家借助哈勃太空望远镜，在天王星周围发现了迄今为止天王星最小的 2 颗卫星。据统计，天王星的卫星总数已达到 24 颗，是太阳系卫星总数最多的行星之一，仅次于土星和木星。

利用先进的太空观测技术，天文学家发现这两颗小的行星以不寻常的运转周期环绕着天王星。特别是在最近 2 年，天文学家们发现了更多的卫星。目前，木星的卫星大约有 50 多颗，土星的卫星大约有 60 多颗。随着太空搜索的继续，将会发现更多的卫星。一位专家称，木星可能有 100 个左右的卫星，直径会小到 0.62 英里（1 千米）。这两颗小卫星的直径大约为 8 ~ 10 英里（12 ~ 16 千米）。它们的卫星轨道要比天王星 5 颗最主要的卫星更近于天王星，大约只有几百千米的距离。

美国国家航空航天局 Ames 研究中心的马克—肖沃尔特称，"这是近 20 年里，我们太空观测能力显著提升的实证。现在我们已经能观测到 17 亿英里外（28 亿千米）如此微小的目标了。"这两颗最新发现的卫星被临时命名为"S/2003 U1"和"S/2003 U2"。S/2003 U1 是两颗卫星中较大的一颗。它的直径为 16 英里，通过哈勃太空望远镜可观测到它是在天王星较大的两颗卫星之间运行。这两颗较大的卫星，一颗是由航行者太空船探测到并命名为"精灵"的卫星；另一颗是被命名为"米兰达"的卫星，它是天王星

米兰达卫星表面

5 颗较大卫星中内心轨道最小的一颗卫星。

在早先的天文学理论中，这两颗卫星所在区域一直被认为是真空区。S/2003 U1 距天王星 60600 英里（97700 千米），以每周 22 小时 9 分的自转速度运转。S/2003 U2 直径仅为 8 英里（12 千米），距"贝琳达"卫星 450 英里（300～700 千米），距天王星 46400 英里（74800 千米）并以每周 14 小时 50 分的自转速度运转。

美国国家航空航天局 Ames 研究中心调查人员杰克—利斯奥尔指出，多达 13 颗的卫星在相对更靠近天王星的轨道上运行，这些卫星在如此拥挤的一个区域中聚集着，很可能会因彼此之间引力的影响而变得不稳定。所以，我们需要进一步地观测，发现它们是如何进行"共处"的。一种观点认为，这些卫星可能是由于慧星碰撞而形成的。利斯奥尔称："这些卫星并不是在天王星形成时就存在的。这两颗小卫星离贝琳达卫星如此之近，不能排除早先它们可能是一个整体，由于慧星的碰撞而形成三个卫星。"肖沃尔特指出，"通过对 S/2003 U1 和 S/2003 U2 的观测研究，将有助于我们探索卫星体系的形成。"

第一颗人造卫星

世界上第一颗人造地球卫星——人造地球卫星 1 号，是 1957 年 10 月 4 日发射的。它的本体是一只用铝合金做成的圆球，直径 58 厘米，重 83.6 千克。圆球外面附着 4 根弹簧鞭状天线，其中一对长 240 厘米，另一对长 290 厘米。卫星内部装有两台无线电发射机——频率分别为 20.005 及 40.002 兆周。无线电发射机发出的信号，采用一般电报讯号的形式，每个信号持续时间约 0.3 秒，间歇时间与此相同。此外还安装有一台磁强计，一台辐射计数器，一些测量卫星内部温度和压力的感应元件及作为电源的化学电池。它在拜克努尔发射场由一支三级运载火箭发射。

起飞以后几分钟，卫星从第三级火箭中弹出，达到第一宇宙速度（7.9 千米/秒），进入环绕地球飞行的轨道。它距离地面最远时为 964.1 千米，最近时为 2285 千米，轨道与地球赤道平面的夹角为 65°，以 962 分钟时间绕地球一周，比原来预计的所需时间多 1 分 20 秒。在秋夜的晴空中，有时它像一颗星星在群星中移动,肉眼可以看到它。这颗卫星的运载火箭于1957年12月1日进入稠密大气层内陨毁。卫星在天空中运行了92天,绕地球约1400圈,行程6000万千米,于1958年1月4日陨落。为了纪念人类进入宇宙空间的伟大时刻,前苏联在莫斯科列宁山上建立了一座纪念碑,碑顶安置着这个人造天体的复制品。

"无源通信卫星"之最

1960年8月12日,美国国防部把气球卫星"回声1号"发射到距离地面高度约1600千米的圆形轨道上,进行通信试验。这是世界第一个"无源通信卫星"。由于这颗卫星上没有电源,故称之为"无源卫星"。它只能将信号反射,为地球上的其他地点所接收到,从而实现通信。

最小的卫星系统

1978年,在发现冥王星卫星后不久,天文学家们又利用532号小行星赫克列娜掩星的机会,对它进行了细致的观测,结果惊奇地发现,这颗直径243千米的小行星,居然也有一颗小天体在绕它旋转。据分析,这颗卫星的直径约46千米。如果平均密度相仿,则其质量比为147:1,两者的中心距离是977千米,也只是赫克列娜直径的4倍。半年后,用同样的方法,又发现了1852年发现的18号小行星梅菠曼(直径135千米),也有一个直径37千米的卫星。

卫　星

彗星和卫星之最

之后，一些天文工作者翻箱倒柜，查阅过去小行星的掩星观测资料，重新处理、分析，于是一个个宣布了好消息。目前具有卫星的小行星数目，可能已达 32 个之多！

离我们最近的卫星

月球是地球的天然卫星。它千百年来为我们照亮了黑夜，又为我们提供了一种天然的计时系统来指导生产和生活。今天我们仍然十分喜欢媚人的明月，觉得它极富诗情画意，不少关于月亮的神话至今还有着非凡的魅力。

在天文学家的眼中，月球真是近在咫尺，它离地球只有 384000 千米。除了闯入大气的流星、陨星外，再也找不到离我们更近的天体了。金星离地球最近的距离是 39640000 千米，是它的 100 多倍，而太阳的距离则是它的 389 倍。如果与恒星的遥远距离相比，月地间的这点距离简直是可以忽略不计的。例如离我们最近的一颗恒星半人马 α，距离约有 400000 亿千米。倘若我们把地球和月亮比作两个相距 1 厘米的小黑点儿，则金星就在 1 米以外的地方，太阳则位于 4 米远处，而比邻星却差不多远在东欧！

彗星和卫星之最

恒星之最

体积之最

最大体积者

天上的星星，看上去都是一个光点，就是在最大的射电天文望远镜里，看到的恒星也还是一个光点（太阳系的行星都有一个小小的视圆面）。多少年来，人们一直在探求测量恒星大小的方法，但都失败了。1920年，美国的皮斯首先用光的干涉原理，测量出了几颗恒星的直径。以后，人们又陆续发明了几种测定恒星直径的方法。

从测定中发现，恒星直径的变化范围很大，一般都以太阳半径（R⊙）倍数来表示。如牛郎星的半径为 1.68R⊙，

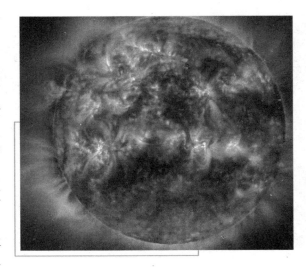

恒　星

即表示为太阳的 1.68 倍。织女星为 2.76R⊙。恒星中，以红超巨星的直径最大，如心宿二半径为 600R⊙；仙王座 VV 星的半径更大，约为 1600R⊙；HR237 是当前已知的半径最大的恒星，它的半径为 1800R⊙。如果我们的太阳也有这么大的话，那么，不但地球、火星，连距离比地球远 5 倍的木星，也都包在它的"肚子"里呢。

我们知道，还有一些处于从星云过渡到恒星的天体，例如红外星、球状体，它们的半径更大得多。

现代测量恒星大小的方法（直接测量和间接计算）已有多种，这些方法彼此验证，使得求得的恒星半径越来越准确。

恒星中的最小者

与巨星相反，矮星是恒星中的"侏儒"。如天龙 CM 是一对双星，其主星的半径只有太阳的 1/4，而伴星的半径只有太阳的 23.5%。

白矮星的半径更小，约为太阳的 1/100，即同地球的大小差不多。天狼

恒　星

星的伴星，它的半径 0.0073R⊙，只有 5080.7 千米，比地球还小。还有一颗叫作"柯伊伯"的白矮星，半径只有地球的 1/7 左右，以前一直认为这是半径最小的恒星。

但是中子星发现后，又刷新了纪录。因为中子星的半径更小，约为 10 千米。而有些黑洞的半径，理论上应比中子星更小。

最远和最近的距离

最远的恒星有多远

银河系的直径为 10 万光年左右，即半径为 5 万光年，而太阳到银河系中心的距离为 33000 光年。因此，银河系另一边缘的恒星离太阳的距离为 83000 光年，比"比邻星"要远 19360 倍。但是，这还远远不是最远的恒星距离。

在银河系之外，还有与银河系同一类型的无数星系，现代天文望远镜已能观测到 150 亿光年远处的天体。因此，应该认为最远的恒星距离为 150 亿光年。我们现在看到的最远的星，实际上还是它在 150 亿年前的"模样"。这个距离是地球到太阳的 9485000 亿倍！

太阳系（包括太阳以及它的 8 颗大行星，37 颗卫星，无数小行星和彗星等）离银河系中心有 33000 光年远。

银河系的直径约 100000 光年，包括约 2500 亿颗恒星，其中最远的恒星离我们约有 7 万光年。银河系的形状像一个中间厚、四周薄的大烧饼。

离我们最近的恒星

天穹上除了少数行星和罕见的彗星外，万千闪烁的都是恒星。恒星就是和太阳一样光辉夺目的巨大星球，它内部进行着剧烈的热核反应，只是因为它们离开我们实在太遥远了，所以看上去就成了一个个小小的光点。

与人类最近的恒星当然就是我们的太阳，但因为太阳的特殊地位，人们早已刮目相看，不把它当作一般的恒星了。除太阳外，离我们最近的恒星是"南门二"，即"半人马座 α 星"，它离我们的距离是 4.33 光年。"光年"就是光 1 年中走过的距离。众所周知，光每秒钟差不多能跑 30 万千米，所以"1 光年"相当于 94600 亿千米。按此来算，这颗星的距离为 409600 亿千米。

实际上，南门二是一个"三合星"，即由三颗星互相绕转的小系统。其中甲、乙两星特别亮，是全天第三亮的恒星，为 −0.1 星等，仅次于天狼星和老人星。另一颗丙星很暗，目视星等为 11 等，只有用很大的望远镜才能见到。丙星离我们的实际距离为 4.278 光年，是真正离我们最近的恒星，是我们的"紧邻"，通常把这颗星叫做"比邻星"或"半人马座比邻星"。要到这样遥远的"邻居"去做客可真不容易，因为即使坐上 11.2 千米/秒的星际火箭，也得花 11.5 万年！根据测定，"比邻星"正以 16 千米/秒的速度向我们飞来呢！

恒星中最玄妙的个体

恒星中的最闪耀者

晴夜，仰望天空，星光闪烁，但亮度各异。所谓亮度，就是我们在单位面积上每秒钟所接受的恒星的光能量。天文学上则用"视星等"来表示。两千多年前，希腊天文学家喜帕恰斯把肉眼所看到的恒星按亮度分成 6 等，天上最亮的 20 颗恒星定为 1 等星，肉眼刚

亮 星

刚能看见的恒星定为 6 等星。星愈亮，星等数愈小。

望远镜发明以后，星等系统又推广到更微弱的恒星。以后又补充规定，星等相差 5 等，亮度比为 100 倍。因此，星等数减少 1，亮度增强 2.512 倍。现在用最大的望远镜，经过长时间露光，已可拍摄到暗达 23.1 等的恒星，这相当于 3 万千米外的一支烛光的亮度。

为适应科学发展的需要，星等又推广到小数和负数，如"织女星"的星等为 - 0.04，"河鼓二"（牛郎星）为 0.77，"北极星"为 2.3，"大角星"为 - 0.06，"老人星"为 - 0.73。恒星中最亮的是"天狼星"，它的星等为 - 1.45。当然月亮和太阳比它亮得多，满月的星等数为 - 2.73，太阳则相当于 - 26.74 等。

以上说的，都是恒星的"视亮度"，是地球上人类感觉到的亮度。

最暗的恒星

最暗的恒星的亮度仅为太阳的 1/1000000。2008 年 12 月，美国天文学

最暗的恒星

家在银河系中发现了一对光线最微弱的双子褐矮星。这对褐矮星的亮度仅是太阳亮度的 1/1000000，仅相当于此前发现的最暗星体亮度的 1/2。

美国麻省理工大学的天文学家伯加瑟尔说，"这两颗恒星是迄今所有恒星中光线最弱的两颗。通过这种微弱的特征，人类有望发现其他更多的褐矮星。从某种意义上讲，这两颗应该算是这些最'常见'褐矮星中最早被发现的，而其他的褐矮星暂时还没有被发现，仅仅是因为它们的光线实在是太弱了。这对褐矮星之所以被发现，也是因为它们突破了它们发光功率的上限，其亮度相当于太阳亮度的百万分之一。"观测数据还显示，该物体表面大气层的温度介于华氏 560～680 度之间。它比木星高出好几百度，却又比恒星冷得多。

最"高调"的恒星

一排街灯，近亮远暗，实际上每盏灯的亮度是一样的。同样，恒星离我们有近有远，我们观察到的恒星亮度，并不是它们的"真"亮度。为了表示恒星的真亮度，必须把恒星"置放"在相同的距离处去比较。天文上通常把定真亮度的标准距离定为 10 秒差距。不言而喻，这是一个很大的距离。

与视亮度相关联的星等称为"视星等"。一颗星移到标准距离处具有的视星等叫做"绝对星等"。绝对星等是仅仅同恒星的光度（真亮度）相关联的一个量。光度就是恒星每秒钟辐射的总能量，即恒星发光本领的大小，亦即真正的亮度。绝对星等数越小恒星越亮，如太阳的绝对星等为 4.83，织女星的绝对星等为 0.5，牛郎星的绝对星等为 2.3，北极星的绝对星等为 -4.6。故北极星要比太阳亮 5912 倍。

目前，天文界把绝对星等约为 -2 的恒星称为"巨星"，绝对星等为 -4 以上的恒星称为"超巨星"。据此，北极星是个超巨星。而绝对星等比较小的恒星是"矮星"。牛郎星、织女星、天狼星和我们的太阳都属于矮星之列。

宇宙中光度最大的恒星，是天蝎座 $\zeta1$，它的绝对星等为 -9.4，其光度为 $4.92 \times 10^5 L\odot$，是太阳光度的 492000 倍。即使全天密密麻麻都布满了我们的太阳，总亮度也只有它的 1/8。

恒星之最

最"低调"的恒星

有一类天体叫做"球状体"，它是正在形成中的恒星。它的体积可比我们整个太阳系还大得多，但温度很低，光度很小。它还不是真正的恒星，所以还不能与恒星"比赛"。

还有一种即将"死亡"的年老的星，包括白矮星、中子星和黑洞，它们的光度也很小，而黑洞是不发光的暗黑天体。

有一颗恒星在亨利·德雷伯星表（HD）中的编号为 180617，它的绝对星等为 10.31，光度为太阳光度的一百五十六分之一（或写为 $\frac{1}{156}$ L⊙）。这是一对双星，它的伴星 VB10 的光度仅为 $\frac{1}{2992000}$ L⊙，是已知光度最小的恒星，它的绝对星等为 21.04 等。如果我们的太阳也只有这么亮，那白天就与夜晚分不清了。因为这时的太阳光只相当于一轮明月的 4/10。

最神秘的伴星

1834 年，德国天文学家贝塞耳在作恒星位置精密测量时，发现天狼星在天穹上的运动比较奇怪，它的路径波浪起伏，而不是沿一条直线均匀地移动。当时估计，一定还有一颗看不见的伴星在旁边吸引着它。到 1862 年，美国光学家克拉克找到了这颗伴星。根据所测得的半

白矮星

径和质量，计算出它的平均密度每立方厘米竟有 175 千克，比水重 10 万倍。一只由这样的物质组成的"西红柿"，非得用起重机才能搬得动它。

这类密度大到每立方厘米0.1～10吨的恒星叫做"白矮星"，现在已观测到1000颗左右。

最重的恒星

遥远的恒星看得见，摸不着，怎么知道它有多"重"呢？最常用的是根据双星的轨道运动来求它们的质量。此外，也可以根据其质量和光度的统计关系来推算。我们看到的星星中，有许多质量比太阳大，如牛郎星的质量为太阳的1.6倍，（即1.6M⊙），织女星为2.4M⊙。

目前已知的质量最大的恒星，是HD93250，它的质量为238000亿亿亿吨，是太阳的120倍。它的引力也要比太阳大120倍。如果太阳的质量有HD93250那么大，那么，地球绕太阳的转动非得加速到300千米/秒以上，才能不被它吸到肚子里去。

前面讲到的半径最大的恒星HR237，质量却不是最大的，因为它的密度比较小。

恒　星

最轻的恒星

根据恒星演化的理论得出，恒星质量的范围从太阳质量的二十分之一（$\frac{1}{20}$M⊙）到太阳质量的 120 倍（120M⊙）。这是由于下述原因所决定的：当恒星从星云阶段开始收缩时，如若原恒星的质量大于太阳的 120 倍，将会发生爆炸而瓦解成若干小天体。如果原恒星的质量小于太阳的 1/20，那么，在引力势能的作用下，其中心温度不会太高，以致不能进行热核反应，表面就不能长期发光，而只是一个暗黑的天体，也就不成为恒星了。

根据测量结果，恒星"罗斯 614B"的质量为 0.07M⊙，即只有太阳质量的 7%，相当于木星质量的 70 倍，是目前已知的质量最小的恒星。

"最冷"和"最热"的恒星

通过实测可能获得恒星表面的温度，而内部温度只能通过理论分析来估计。以太阳为例，中心温度有 1500 万℃，而表面温度却只有 5770℃。通常所指的恒星温度，是它的表面温度。

恒星在颜色方面也各不相同，颜色主要反映它们的表面温度。红星的表面温度最低，约为 3000℃左右；温度升高，变成橙色，这时的温度为 4000℃左右；温度再高些，大约为 5000℃~6000℃，这类恒星呈黄色，太阳就是一颗黄色的恒星；表面温度在 10000℃左右，它们的颜色便呈白色，牛郎星、织女星都是白色的恒星；温度高达 25000℃~40000℃时，恒星的颜色呈蓝色。猎户座 ι（伐三）是温度最高的恒星之一，它的表面温度高达 40000℃以上，是一颗典型的蓝色恒星。

脉冲变星刍藁增二（鲸鱼座 O），是一颗红色的恒星，它的表面温度只有 2000℃，可算是温度最低的恒星之一。但即使是这颗最"冷"的恒星，它的表面温度也足以使黄金和钢铁化成液体。至于温度比它高 20 多倍的猎户座 ι 星，它热的程度就难以想象了。

还有一种天体，就是前面讲到的的"球状体"，它的温度冷到 -260℃左右。不过它还没有取得恒星的"资格"，只是恒星的前身，所以不属此列。

"跑得"最快和最慢的恒星

几乎所有天体都在绕自身的轴转动，这叫自转。地球赤道处自转速度为 0.465 千米/秒。太阳表面赤道上的自转速度为 2.03 千米/秒，这个速度比炮弹还快 1 倍多。

目前已测量了数以千计恒星的自转速度，不同类型的天体具有不同的自转速度。有一类恒星叫"B 型发射星"（以符号 Be 表示），它们赤道上的自转速度最大时可为 630 千米/秒。地球上看到的最亮的 Be 星是波江座 α。

现在认为脉冲星是快速自转的中子星。有一颗中子星叫 PSR0531，其自转周期仅为 0.033 秒，也就是一秒钟可转上 30 圈，它表面上的自转速度竟达 2000 千米/秒。

是否有自转速度最小的恒星？现在认为，主要集中在银河系核心的"第Ⅱ星族"这一类恒星，恐怕是自转速度最小的恒星，它的表面自转速度平均只有 1 千米/秒。

恒　星

最亮的恒星——天狼星A

天狼星A也叫大犬座主星，是人们用肉眼能看见的 5776 颗恒星中最亮的一颗，1862 年被发现；亮度为 –1.46 等，距地球有 8.64 光年。它的亮度为太阳的 26 倍，伴星是一颗白矮星。天狼星A 直径 2333485 千米，和太阳差不多大；伴星叫天狼星B，直径 9655.8 千米。天狼星A 虽然和地球差不多大，但有 350000 个地球那么重。也许，在公元 61000 年，天狼星的视星等将会为 –1.67 等。

"天狼星"三个字让人想起孤独、冷漠和遥远。事实上不是这样，它是炽热的恒星，还有一颗伴星，而相对于夜空中其它恒星，他又离地球很近。也许是历史文化的原因，也许是个人心情的原因，天狼星注定是无法与浪漫、热情相联系的星，可以和恋人、朋友一同看月亮、看流星雨、看金星或是火星，但是，苍白并带有蓝色光亮的闪烁的天狼星却无法让人心情愉悦，也许正是因为这种独特的个性，它吸引了无数孤寂的心。

古代埃及人认识到该星偕日升起，即正好出现在太阳升起之前时，尼罗河三角洲就开始每年的泛滥。而且他们发现，天狼星两次偕日升起的时间间隔不是埃及历年的 365 天而是 365.25 天。德国天文学家于 1844 年报道，天狼星是一颗双星，因为该星在附近空间中沿一条呈波形的轨迹运动，从而得出它有一颗伴星和绕转周期约为 50 年的结论。这颗伴星于 1862 年被美国天文学家最先看到。天狼星及其伴星都在偏心率颇大的轨道上互相绕转，平均距离约为日地距离的 20 倍。尽管亮星光芒四射，用大望远镜还是不难看到那颗 7 等的伴星。伴星的质量与太阳差不多，密度则比太阳大得多，是第一颗被发现的白矮星。

最不愿意移动的恒星

稍为留神一下夜空，你就会发现，几乎所有恒星都像太阳一样，每夜东升西落，可是却有一颗星在天穹上几乎是不动的，那就是有名的"北极星"。因为，北极星的位置正好在北天极的位置，离地球自转轴的北延伸线不到1°。由于地球的自转，看起来全天的星星都在绕着它旋转。不管春夏秋冬，北极星始终整夜不动地挂在北天，为我们指出正北的方向。北极星的地平高度正好与当地的地理纬度相同，如南京是北纬32°04′，我们看到的北极星就在离地面差不多为32°04′的地方。

北极星在西方星座中是小熊α，中国古代叫勾陈一，根据形如勺子的北斗七星，我们不难找到它。

北极星看起来不如织女星和牛郎星亮，可是实际上却要比它们亮100多倍和500多倍，是一颗很亮的超巨星。只是因为它距离很远（400光年），所以看起来是一颗2等星。

小熊α

用大望远镜观测可以发现，北极星实际上与半人马α一样是个"三合星"。

有趣的是，北极星并不是"终身制"的。前面说北极星的位置"不动"，只是相对而言的。其实，北极星的运动速度每秒达32千米，比目前运载火箭的速度还要快好几倍呢。

目前的北极星，它的"职务"也只能保持2400年左右。到公元4000年时，指北的任务将由仙王座的γ来担任。到公元14000年时，织女星就会变成"北极星"了。

"自行"最大的恒星

恒星不恒，每一颗恒星都在宇宙空间里"疯狂"地疾驰着。因为我们生活在太阳系中，所以恒星的运动也以太阳作为标准。所谓恒星的空间运动，实际上是指它相对于太阳的运动。

恒星之最

恒星空间运动的方向是漫无目标、多种多样的，有的接近太阳，有的离开太阳。为了研究的方便，常把恒星的空间运动分成 2 个支量：①视向速度，它在视线方向；②切向速度（与视线垂直），表示为"自行"。所谓恒星的"自行"，就是它每年在微弱的背景上位移的角度。显然，切向速度同自行的关系，就是圆周上弧长同圆心角的关系。所以一旦知道了该恒星的距离 γ 或视差 π，便不难由自行求出真实的切向速度。虽然恒星运动速度很大，但因为距离太远，所以自行值一般都非常小，每年只移动百分之一、千分之几角秒。已知自行最大的是蛇夫座里的巴纳德星，也不过每年 10.31 角秒，差不多要 180 年才会移动一个月亮的圆面，但其相应的切向速度却有 88 千米/秒。"自行"第二大的是卡普坦星（在绘架座），因为它离我们更远，所以实际上它的切向速度更大，为 163 千米/秒。

最有希望存在行星系的恒星

某些恒星可能和我们的太阳一样，周围也有一个或者几个行星围绕着旋转。已经发现的这样一个行星或行星系，其质量小于那个恒星的 7%。最有希望存在行星系的有下列这些恒星：天鹅座 61 号星，大熊座的拉兰得 21185 号星，仙王座的克鲁格 60 号星，Ci 2354 号星，BD 20°2465 号星，蛇夫座 70 号星的两个子星中的一个以及蛇夫座的巴纳德星。

最新的恒星——超新星

最有"人气"的超新星

在恒星世界里，有时会出现一种奇怪的现象：一颗本来较暗的恒星，突然变得很亮。这种亮度发生剧烈变化的恒星，在天文学上称为变星。古代人把变星称为"客星"。

变星有多种，其中亮度变化最剧烈的变星叫超新星。一般认为，恒星之所以会突然变得很亮，主要是由于这颗恒星发生了猛烈的爆发，放出巨额的能量。这种爆发是这样产生的：恒星内部较轻的元素（氢、氦）通过热核聚变反应不断燃烧，当较轻的元素全部用完之后，引力和斥力之间的平衡被破坏，恒星会产生收缩；恒星收缩的结果使内部温度继续升高，开始另一种新的热核反应，聚变为更重的元素，同时放出热能，从而处于新的平衡状态。但是，恒星演化到后期，到了铁元素形成之后，再继续聚合成更重的元素的核反应过程，同前面的反应过程有一个本质的不同，它们不辐射出能量，反而要从外界吸收大量的热量。这样，恒星的引力和斥力得不到平衡，恒星就迅速塌缩，中心的压力猛增，电子被压到原子核内，同核内的质子结合成中子，形成中子核。当大量物质向中子核塌缩时，就会在很短的时间内释放出惊人的能量，发出强烈的光。这些能量足以使恒星的外壳爆炸破裂，并将它们抛向宇宙空间。

超新星爆发时释放出来的能量为 $10^{47} \sim 10^{52}$ 尔格，相当于 1 秒钟内

超新星

爆炸了 10^{18} 个百万吨级的氢弹；亮度增加千万倍，比太阳亮几亿倍。

根据历史记载，最有名的超新星是我国 1054 年记录到的金牛座超新星。它是一颗最明亮的超新星。这次超新星爆发记载，以我国《宋会要》中的记录最为完整、精确："嘉佑元年三月，司天监言：'客星没，客去之兆也'。初，至和元年五月晨出东方，守天关。昼见如太白，芒角四出，色赤白，凡见二十三日"。可见，这颗超新星是十分明亮的，它在明亮的白天尚且光芒四射，1054 年 7 月 4 日起的 23 天中，人们都能清楚地看到。

这颗超新星爆发时抛射出来的气体壳层，在 18 世纪由一个英国人首次观测到。它呈一团模模糊糊的云雾状的东西。因它的外形像一只螃蟹，所以称它为蟹状星云。

爆发是恒星演化过程中产生的一种重要现象，因此超新星的研究在天文学上占有很重要的地位。

最亮的超新星——金牛座超新星

美国哈勃太空望远镜拍摄到了迄今最清晰的有关金牛星座的一个超新星爆炸云团的照片。

根据哈勃信息中心公布的照片，图像呈不规则的圆形，中间区域为蓝色，其次是绿色，外围是红色。专家解释说，爆炸中甩出来的物质成分可以通过这些颜色辨别出来，如绿色代表硫等。

哈勃信息中心说，此次拍摄到的超新星爆炸云团大约 6 光年大小，距离地球 6500 光年。

最大的长度单位——秒差距

日常生活中，我们使用的长度单位离不开尺、米和千米。地球周长约 4 万千米。"千米"这个长度单位，最早就是由地球周长的 1/4 为 1 万千米来规定的。

在太阳系中，距离一般都用"天文单位"（A.U.）来表示。所谓"天文单位"，就是太阳和地球的平均距离的精确值是149597870千米。出了太阳系，再用"天文单位"又很不方便了，于是出现了两种新的更大的长度单位，一是"光年"，它是描述遥远距离的一种形象的长度单位，使人们能理解它，想象它。因光速是 30 万千米/秒，一年有 365.2422 天，一天有 86400 秒，故一光年等于 9.46×10^{12} 千米，即 9.46 万亿千米。但是在科学工作中，一般都用更方便的"秒差距"。

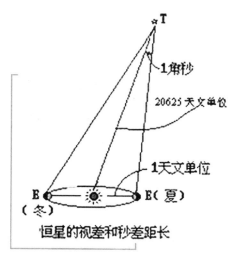

恒星的视差和秒差距长

秒差距

"秒差距"有明确的科学意义，1 秒差距为 206265 天文单位。

秒差距之大，令人咋舌。1 秒差距等于 308570 亿千米。若一根 300 千米长的蛛丝只重 1 克，那么长一秒差距的蛛丝便重 133000 吨！一秒差距也可近似等于 3.26 光年。

天文上量度恒星的距离用"秒差距"。计量银河系的大小，又派生出"千秒差距"（银河系直径约 30 千秒差距）。计量河外星系的距离又派生出"兆秒差距"。因此最大的长度单位也可以认为是"兆秒差距"，它是秒差距的百万倍。

恒星之最

星系和星云之最

最早给星座命名的人

公元前 3 世纪，古希腊从喜帕恰斯研究恒星开始，两千多年来，对天上的一些亮星都逐步取了名字，一群群的星星也被划分成"星座"。

1603 年，德国的巴耶尔建议：把每个星座内较亮的恒星按照亮度顺序，以希腊字母加上星座名称，作为恒星的名字。希腊字母有 24 个，它前面的几个是：α、β、γ、δ、ε、ζ、η、θ……例如：大犬座 α（天狼星）是大犬座里最亮的一颗星，英仙座 β（大陵五）是它所在星座的第二亮星，仙王座 δ（造父一）是所在星座的第四亮星，等等。

望远镜发明之后，这种方法就遇到了困难，因为望远镜内繁星众多，24 个希腊字母怎么也分配不过来，而且按亮度排列既不方便又不准确，因此，在编制星表时，往往根据恒星位置来给它命名，有的甚至无规律地给恒星编号。例如 HD（亨利·德雷伯星表）48915 是大犬座 α 星，HD22049 是波江座 ε 星，等等。

虽然如此，国际上对一些著名的亮星仍然普遍采用巴耶尔的建议来称谓。

全天的 88 个星座是：

北天星座：小熊　天龙　仙王　仙后　鹿豹

大熊	猎犬	牧夫	北冕	武仙	天琴
天鹅	蝎虎	仙女	英仙	御夫	天猫
小狮	后发	巨蛇	蛇夫	盾牌	天鹰
天箭	狐狸	海豚	小马	飞马	三角

黄道星座：

| 白羊 | 金牛 | 双子 | 巨蟹 | 狮子 | |
| 室女 | 天秤 | 天蝎 | 人马 | 摩羯 | 宝瓶 | 双鱼 |

南天星座：

鲸鱼	波江	猎户	麒麟	六分仪	
小犬	长蛇	巨爵	乌鸦	豺狼	显微镜
南冕	天坛	天鹤	凤凰	时钟	望远镜
绘架	船帆	圆规	孔雀	南鱼	南十字
玉夫	天炉	雕具	天鸽	天兔	南三角
大犬	船尾	罗盘	唧筒	矩尺	半人马
杜鹃	网罟	剑鱼	飞鱼	船底	印第安
苍蝇	天燕	南极	水蛇	山案	蝘蜓

星座与星图之最

"地盘"最大的星座

星座是人们凭想象而划分的，因此它们并不均匀，肉眼可见的星数有多有少，"地盘"有大有小。全天最大的星座是"长蛇座"。它宛如一条巨蟒，从东向西绵延 102°的天区（全天区长 360°），宽从天赤道北 7°到南 35°，达 42°，面积达 1300 平方度，占全天空总面积 3.2%！整个长蛇座中，亮于 5.5 等的星有 68 个以上。5 月的夜空，当蛇头从正南方昂起时，它的蛇尾还隐在东方的地平线之下呢！

"地盘"最小的星座

真像世界上有弹丸之地的小国一样，星座中也有几个很小，如南十字、小马、天箭、圆规等，都是一些只有寥寥两三颗星（肉眼所见）的星座。小马座在牛郎星（天鹰座 α 星）之东，肉眼能见的只有 3 颗星，最亮的一颗也只有 4.6 等。南十字尤其小，它占的面积只有 68 平方度，刚及长蛇的 5%。虽然它有两个 1 等星，

星　座

比较明亮，但因在南纬 60° 的地方，所以在我国只有在南沙群岛才能看到它。

最古老的星图

星图是人们观测恒星、认识星空的一种形象记录，根据其坐标位置我们就可以比较方便地认识天上的星星，因而，它的意义就好像我们平时用的地图一样。

星图的绘制，在我国有比较悠久的历史。作为恒星位置记录的科学性星图，大约可以追溯到秦汉以前。早在新石器时代的陶尊上就发现画有太阳纹、月亮纹和星象的图案。到殷商时期，已经有星名刻在甲骨片上。到了战国时代，大约公元前 3 世纪，我国便出现了正式的星图。但遗憾的是，历史上很多星图早已遗失，流传到现在的最早作品是在敦煌发现的唐代星图。李约瑟先生在《中国古代科技成就》一书中一再提到："我们几乎可以肯定，这是一切文明古国中流传下来的星图中最古老的一种"。

敦煌星图大概绘制于唐代初期，内容相当丰富。图上共画有 1367 颗星。

星系和星云之最

图形部分是按 12 次的顺序，从 12 月份开始沿赤道上下连续分画成 12 幅星图，最后是紫微星图。文字部分采用了《礼记·月令》和《汉书·天文志》中的材料。因此，从图文来看，这份星图很可能是一个更古老的抄本。但不管怎样，即使是唐初作品，无疑也是当代世界上留存的古星图中星数最多而又最古老的。

敦煌星图原藏于敦煌的莫高窟中，以卷为形式。1907 年，它被斯坦因秘密地偷盗出国。该图现藏于伦敦大英博物馆，斯坦因编号为 MS3326。

星表和星图之最

把恒星在天上的方位和亮度记录下来，这就成为星表。若将它们的位置标在图上，便成为星图。正如旅行家离不开地图一样，星图也是天文工作者的必备工具。

距今 2300 多年的战国时期，楚国的甘德写了《星占》8 卷，魏国的天文学家石申写了《天文》8 卷，后来有人把这两部著作合起来称为《甘石星经》。这是我国最早的一部星表，也是世界上最早的星表。《甘石星经》里共记载了 800 颗恒星，其中标明位置的有 120 颗。

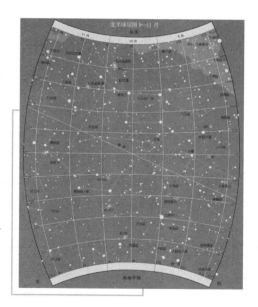

这个星表比西方的观测记录要早 200 多年，而精密的程度与他们相比也不差。即使与希腊最早的星表相比，《甘石星经》也早了七八十年。遗憾的是原书没有被整套留下，只是散记和节录在以后的许多古书中。

星　图

1800 多年前东汉的天文学家张衡所绘的星图，在《唐书》里有记录，但可惜原图也没有被传下来。苏州现在保存着一块南宋（公元 1247 年）的石刻星图，这仍然是世界上最古老的星图，这块石刻星图由上下两部分组成，上半部为一个圆形的全天星图，星图直径达 91.5 厘米。全图共刻有恒星 1400 多颗，并刻有银河带、天赤道、黄道等；下半部为文字说明，简略地刻着天文基础知识。这一珍贵资料，已被列为全国重点保护的文物之一。

"星震"与脉动变星之最

最新型天体——脉冲星

早在 1967 年 8 月，英国的休伊什教授和他的研究生贝尔小姐用一个具覆盖面积超过 2 万平方米的巨大天线阵来观测其他射电源时，意外地记录到了一幅波形。这么规则的无线电脉冲，使他们以为是来自地球以外的智能人所发出的密码电报，很想破译它，然而百思不得其解。因而参与观测的工作人员风趣地将这种信号称作是一种"矮小的绿人"所发来的信息。经过一段时期的反复观测，到 1967 年 10 月才断定它是一种特殊的新型天体——脉冲星。

脉冲星是 20 世纪 60 年代天文学四大发现之一，它有相当稳定和很短的脉冲周期。CP1919 的脉冲周期约 1.337 秒。由于这种新型天体的发现，休伊什荣获了诺贝尔物理学奖。以后，英国、美国、澳大利亚又陆续观测到许多脉冲星，至今已观测到的脉冲星达 330 颗以上。其中澳大利亚独占鳌首，发现 224 颗；英国居次，发现 51 颗；美国发现 50 颗；余下少数几颗是其他国家发现的。

脉冲星的周期都非常稳定，除了特殊情况外，照现在的测算，它们的周期每百万年变化不超过 10 秒，变化慢的每经过 1 亿年才变化 0.4 秒。它比目前世界上最准的德国的铯束原子钟（每过 500 万年才差 1 秒）的精度还要高出 50 倍，可称得上是宇宙中最精确的"新型钟表"了。

星系和星云之最

脉冲星虽然叫做星，一般情况下只能用射电望远镜才能接收到它的脉冲讯号，即使用最大的光学望远镜，也看不到它的影踪。

最大的震撼——"星震"现象

地球上常有大地震发生，小地震更是屡见不鲜，但宇宙中的"星震"却是罕见的现象。

"星震"是怎么回事呢？要回答这个问题还得从脉冲星的一个特性说起。脉冲星的旋转周期虽然十分稳定，但这种稳定只是相对的。一般而言，脉冲星的旋转周期在缓慢地变长，旋转速度在逐渐变慢，这似乎是绝大多数脉冲星都遵循的规律。

然而也有例外。船帆座脉冲星——PSR0833-45 的周期大部分时期是在变慢，在 1969 年 2 月 24 日到 3 月 3 日的 7 天中，它的周期不仅不变慢，反而出乎意外地缩短了 500 万分之一秒。直到两年半后才又恢复到原来的周期增长数值。船帆座脉冲星这种周期跳跃性变化的现象，到 1980 年 8 月前已发生过 4 次。

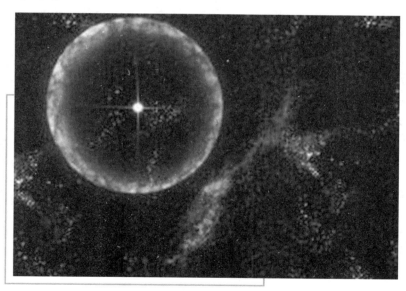

星 震

怎么来解释这种异常的现象呢？一些天文学家提出：这是由于"年轻"的中子星在诞生初期，自转很快，随着辐射损耗了些能量，使旋转变慢。在这种变化中，中子星的固体壳层内部会产生很大应力，这种应力累积到一定的极限，就会造成壳层的断裂和收缩。一收缩，体积就变小些，旋转就快，即周期相应变短些。这种想象中的中子星的壳层断裂，不正是如同地壳断层变动时引起的地震吗？"星震"的名词就源于此。上述船帆座脉冲星在1969年2月24日~3月3日的周期变化，正是天文学家第一次观测到的"星震"记录。

　　无独有偶，除船帆座脉冲星发生过"星震"外，还观测到其他三颗脉冲星也有"星震"现象。

最早被发现的变星

　　在神奇的恒星世界中，有像太阳那样基本稳定不变的正常星，也有像心脏那样跳动的"脉动变星"。脉动变星的亮度会作规律性的变动。早在1596年，法布里修斯发现鲸鱼座O（刍藁增二）的亮度起伏变化，并确认它是一颗变星。这颗星光极大时可亮到1.7等，而光极小时只有10等左右，强弱相差2000多倍，光变周期在320~370天之间。这是一个体积很大的深红色的星，表面有效温度在1900℃~2600℃（绝对温度）之间，直径约为太阳的300倍，而平均密度只有太阳的百万分之一，比我们地面上的空气还轻1000倍！后来发现，它还是个双星的主星，它的伴星也是一个变星。

脉动变星

除了会突然爆发、变亮的"超新星"和"新星"外，刍藁增二是最早被发现的变星。至今，已发现的这种长周期变星有 4600 颗。

最奇怪的名字——"造父变星"

事实上，脉动变星包含有很多种类型，"刍藁增二"就是一类，这类变星叫"长周期变星"。它的光变周期很长，可达几百天。而有一类脉动变星的周期却很短，只有几小时，被称为"短周期造父变星"。

为什么它有这个怪名字呢？因为在 1780 年前后，最早发现的这一类变星是仙王座 δ 星。在我们中国，它的星名是"造父一"，故后来人们把它们称为"造父变星"。"短周期造父变星"最典型的就是天琴座 RR 星，它的光变周期只有 1.5 ~ 12 小时，一个晚上会变几变。当然，它的光变量并不大，一般只 1 ~ 2 星等，即 2 ~ 6 倍。目前这类星人们已发现了 4000 多个。

爆发变星之最

最暗淡的爆发变星

"爆发变星"就是一种亮度突然激烈增强的变星，光变的起因是星体本身的爆发。超新星是爆发最剧烈的恒星，因为爆发后的恒星大致解体了，所以称为"爆发变星"。根据爆发规模和程度，爆发变星有下列几种：①新星，光度变化超过 9 等；②再发新星，是新星爆发后，经过数年或数十年，又发生爆发，甚至多次爆发，光度变化幅度同新星差不多；③矮新星，爆发规模较小，一般不超过 6 等；④类新星，它的特点是爆发次数比较频繁。

此外，金牛座 T 型星、耀星也是爆发变星。1924 年、1940 年和 1945 年，人们曾多次观测到一些又小又暗的恒星，在几分钟的短时间里，突然比以前亮 6 倍左右，持续约半小时，又慢慢地恢复到原状。当时人们都未加以重视，直到 1948 年发现鲸鱼座 uV 星突然耀变，才重视起来。现在已发现 400 多颗耀星。它们的亮度小，约为 13 等，发亮时增加 6 等左右，是最暗的爆发变星。

最闪亮的时刻

超新星也是变星的一类，它们爆发时的亮度能猛增上千万倍，其光度变化也可达 18 星等。我国宋朝至和元年（1054 年）观测的"天关客星"，就是一颗超新星，是爆发规模最大的恒星之一。它在一瞬间就释放出了几

万亿亿亿亿 ~ 几十亿亿亿亿亿大卡的热量，相当于爆炸十亿亿亿 ~ 百万亿亿亿吨级氢弹，比太阳强不知多少倍。这是恒星世界中已知的最剧烈的大爆炸。

在银河系内已证实的超新星有：公元 185 年出现的半人马座超新星，1006 年出现的狐狸座超新星，1054 金牛座超新星，1181 年仙后座超新星，1572 年仙后座新星（第谷新星），1604 年蛇夫座超新星（开普勒新星），1670 年仙后座超新星等。在银河系外的其他

超新星爆发

星系中也发现了不少超新星，从 1885 年到 1978 年期间共发现 491 个。

最让人感兴趣的无线电星

太阳不但有明亮的光辐射，而且在无线电波段上有形式多样的无线电辐射。太阳是千万个恒星中的普通一员，既然它有无线电辐射，那么其他

恒星有没有无线电辐射呢？这激起了科学家探索的兴趣。

1958 年 9 月 29 日在鲸鱼座发现的鲸鱼座 uV 星，是人们发现的第一颗无线电星。它的无线电强度时有变化，在几小时内，就能迅速地增加。随着观测仪器和技术的提高，以后还发现有许多无线电星的发射强度也在变化。它们若是光学双星（两颗距离相近的恒星在各自的引力作用下，绕着一个共同的质心转动而构成的一个系统），则射电辐射的变化多少也有一定程度的周期性。例如名为大陵五的恒星就是这类无线电星。还有一些无线电星，它本身又是 X 射线星。这一类无线电星的无线电辐射和 X 辐射会发生强烈的爆发，且爆发基本上是同时的。这说明这种无线电星内的无线电辐射的原因可能与 X 射线辐射的成因有关。例如天鹅座 X - S 的无线电星，它远离我们达 8×10^{17} 千米，比离我们最近的恒星比邻星（距离 4×10^{13} 千米）要远将近 7000 倍。这么远的无线电星，我们尚能收到它的无线电波，可见它们无线电发射功率之强了。

从现在发现的无线电星看来，它们对应的光学恒星多数属于恒星中的红矮耀星及红超巨星等类型。

到目前为止，发现的无线电星已超过 1000 颗，对无线电星的研究已发展成为天文学中一门独立的分支。

最猛烈的爆发

恒星和太阳一样，虽然看起来很宁静安定，但实际上却不时有剧烈的物质抛射或爆发。太阳上就常常有相当于 8 亿颗氢弹的大耀斑发生。

然而与新星和超新星相比，这简直算不了什么。

其实新星并不是"新"的星，只是原来它们离我们较远，很暗弱，一点也不引人注意，但在它突然爆发时却会比太阳亮上几万倍，即相当于爆炸千万亿亿颗氢弹，比太阳的耀斑大了几百万亿倍。这样的爆发有时能抛出一个木星的质量（1.9 亿亿亿吨），少说也有 200 万亿亿吨，比水星、金星、地球和火星 4 个行星的总和还大。

在公元前14世纪，我国的一片甲骨上已有新星爆发的最早记载。而中外史上都有记载的，是公元前134年6月爆发的那颗新星。

不过最厉害的还是"超新星"爆发，它的一次爆发又比新星强10万倍。每次超新星的爆发简直是恒星的大灾难，它竟能把整个太阳质量抛出去。恒星经过这样一折腾，常常土崩瓦解，进入它的晚年阶段——变成一颗白矮星或中子星，甚至黑洞。

银河系之最

夏夜纳凉，仰视天穹，但见一条明亮的带子横贯天空，人们称它为"银河"，又叫"天河"。银河经过天鹅座和天鹰座的那一部分比较亮。天鹰座里最亮的星河鼓二（天鹰座 α），就是牛郎星，正好在银河的"河边"。同牛郎星相距不太远，正好位于银河另一边的是天琴座 α 星（织女一），即织女星。这是我国广为流传的"牛郎织女鹊桥相会"神

银河系

星系和星云之最

话中的主角。

实际上，银河并不是一条河，那里密集着许多恒星，只是由于肉眼分辨不出单个的恒星，所以看起来便成了一条"明亮的带子"。即使用不大的望远镜来观测银河，也可发现无数的恒星呈现在望远镜的视场中，正是它们汇聚成了一条"星河"。把望远镜朝着垂直于银河的方向看去，星星便稀少得多。在 18 世纪，人们对恒星高度密集于银河带这一现象作了推断，认为恒星世界，包括我们的太阳在内，组成了一个庞大的恒星系统——银河系。

银河系呈扁圆球形，颇像运动员的"铁饼"，但它十分庞大，直径约 10 万光年，厚 1 万光年，包含着约 1500 亿颗恒星。我们夜晚能用肉眼看到的星星全是银河系的。其中有不少恒星像太阳一样，也有它的行星系统。在银河系中，太阳和太阳系不过是沧海一粟。

银河系的恒星不但数量多，形态也各不一样。有些恒星是正常的主序星；有些是变星，亮度在变化着。有些恒星组成双星、三合星、四合星……乃至星团。还有绚丽多姿的星云、弥散的星际物质、神奇的黑洞等等。

从侧面看，银河系恒星密集在银道面附近，通常叫"银盘"。银河系中心恒星最密集的地方是"银核"。在银盘的四周，也稀疏地分布着一些恒星，它们构成了近于球形的"银晕"。银河系的结构大致如下：

银晕直径 10 万光年

银盘直径 8 万光年

太阳到银心距离 3.3 万光年

银盘中央厚度 1.5 万光年

太阳附近银盘厚度 5 千光年

太阳离银道面距离 26 光年

有人估计，银河系约有 6 亿 4 千万颗行星已有某种生命形态。其中 30 万颗可能居住着高级的有智慧的生命。这种推断都基于地球上存在生命以至存在人类的条件：生命起始于化学演化，作为形成生命的物质基础是氮、氢、氧、碳。当化学演化进展到生物演化时，生命便从简单到复杂、由低

星系和星云之最

级向高级逐步发展，到一定阶段就会形成有智慧的生命形态。因此只要具备必要的条件，生命和"有智慧的生命"的出现就是必然的。也有人认为，生命并不一定以碳和水为基础。在高温的情况下，硅完全可以成为生命的化学基础。当然，这些都是推断和设想，尚待事实的证明。

河外星系之最

银河星系外还有什么？银河系是不是包括整个宇宙？这个问题不仅使天文学家们耗费了几个世纪的心血，也曾引起过哲学界的激烈争论。

1924 年，美国天文学家哈勃用口径 2.5 米的反射望远镜对 1612 年发现的仙女座大星云（M31）进行研究，发现它里面有些造父变星，因而定出了它离我们的距离为 80 万光年（现代重新测定为 220 万光年）；这远比我们银河系的直径（10 万光年）大得多，因而肯定它同银河系一样，也是一个

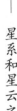

河外星系

星系，称为"河外星系"。

1944 年，巴德又分辨出 M31 核心部分与我们银河系相似，并测出了它的直径是 16 万光年，质量等于 3100 亿颗太阳，几乎比我们银河系大一倍。这也是邻近的最大星系。

用大望远镜可以发现许多这样的星系，即使像月亮那样一块巴掌大小的天区内，不暗于 21 等的星系就有 300 多个。有人估计，就目前的观测手段，人类可观测的星系有 10 亿之多。

星系之最

最普遍的星系分类法

星系离我们万分遥远，研究起来十分困难，对它的了解仍然少得可怜，就连如何归纳分类也是众说纷纭，有以旋臂形态和星系光度分类的范登堡分类法，也有以它的亮度和结构来分类的摩根分类法；苏联则有人以星系核的活动程度分为 5 类的安巴楚勉系统，最近还有人按星系的质量分为超巨、巨、中、矮星系等 4 类。

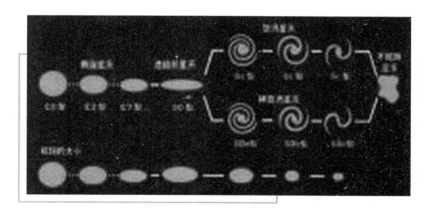

哈勒分类法

不过，至今在研究中运用最多、最普遍的还是哈勃于 1926 年提出的分类法。哈勃分类法区分判别的依据有三个：（1）核球与扁盘的相对大小；（2）旋臂的特征；（3）能分解为恒星的情况。这是一种直接以观测形态为依据的方法，比较可靠，也比较稳定不变，因而在天文研究中应用最为广泛，也得到了不断地补充和发展。

哈勃分类法把所有星系分为椭圆星系（E）、旋涡星系（S）、棒旋星系（SB）、不规则星系（I 或 Irr）等 4 大类。

椭圆星系有一个明亮的中心，基本呈球形或椭球形，其中的恒星几乎都是年老的恒星。恒星间的星际气体也很少，因而常是"透明"的，常常透过椭圆星系可以看到它后面的天体。这类星系大约占星系总数的 17%。它们的直径大小相差最大，在 2000 光年到 50 万光年之间。

旋涡星系：与我们银河系一样，具有旋涡结构，是最普遍的一类星系，占星系总数的 1/2 左右。它中间似透镜状，周围绕着扁平的圆盘，从核球两端生出几条螺旋状的旋臂。这种星系内有许多年老的球状星团，其大小在 2 万 ~50 万光年之间，质量为几十亿 ~ 几千亿太阳质量。

棒旋星系：好似一种有棒状结构贯穿星系核的旋涡星系。它占全部星系的 30%。在很多方面它与旋涡星系很相近，只是它的核心常常是一个大质量的快速旋转体，运动状态和空间结构比较复杂，而且星盘上的质量比较大。

不规则星系：这类星系很少，大约只占 3% ~5%。它没有明显的核心和旋臂，也没有盘状对称结构，一般也比较小，直径在 5000 ~3 万光年间，质量也只有几亿太阳质量。

在研究工作中，为了方便起见，每一类型还分很多次型，如椭圆星系有 E0、E1……E7 八种，旋涡和棒旋则都可分为 a、b、c 三种。

离我们最近的星系—— 大麦哲伦星云

用肉眼能看到的离我们最近的星系是大麦哲伦星云。

为什么称它为大麦哲伦星云呢？1519 ~1522 年，葡萄牙航海家麦哲伦进行了人类首次环球航行。在他到达南半球时，发现天空有两团亮的星云，一个较大，一个较小，后来就分别取名为大、小麦哲伦星云。经过观测发现，它们实际上都是河外星系。大麦哲伦星云离我们只有 16.9 万光年。

大麦哲伦星云在南天的剑鱼座内，离南天极只有 20°，角大小为 21°×19°，实际大小只有银河系的 1/4，质量只有银河系质量的 1/10。大麦哲伦星云属于不规则星系，因为它离我们很近，所以是天文学家的"座上宾"。它中间有不少变星、星团等天体，因而知道

大麦哲伦星云

它的年龄只有 10 亿年左右。更有趣的是，它中间还有一个特别巨大的亮星云——蜘蛛星云，它的直径达 250 光年，如果移到银河系内，则可把整个猎户星座都遮挡住。

由于麦哲伦星云在南天，我国只有在纬度较低的海南岛以南的地区才能看到它。

最远的天体是哪个

如果不借助望远镜，人的眼睛能看到的最远的天体是什么？是仙女座大星云。它的目视星等是 3.5 等。

早先，人们测得仙女座大星云的距离是 80 万光年，实际上当时的"尺子"刻度不对，现在认为实际距离有 200 万光年；如果化成千米数，那就要在 2 后面加 19 个零，为 2000 亿亿千米。与最近的恒星比邻星相比，要远上 52 万倍。也就是说，如果比邻星和我们只相距 1 米，那么，仙女座大星云离我们就有 520 千米。

仙女座大星云

肉眼能见到的河外星系是极少的，一共只有 3 个：大麦哲伦星云、小麦哲伦星云和仙女座大星云。生活在北半球上的人，则只能看见这个著名的仙女座大星云。

最神秘的现象

据英国《每日邮报》报道，2009 年的 9 月，天文学家拍下了仙女座星系吞噬邻近星座的照片。这些非同寻常的照片显示，巨大的仙女座星系"狼吞虎咽"一个临近的较小星系。专家把这些照片称为太空摄影的"圣杯"，这也是人类首次拍下此类照片。

仙女座星系是离我们所在的银河系较近的一个星系，距离地球大约 250 万光年，是一个典型的螺旋星系，但规模比银河系大。仙女座星系直径达 16 万光年（银河系为 8 万光年），含有 2 亿颗以上的恒星。天文爱好者早就知道仙女座星系通过吞噬其他星系而不断扩张，但是这是天文学家首次通过照相设备将仙女座星系的扩张捕捉下来。

这些非同寻常的照片是由来自欧洲、加拿大、澳大利亚和美国的天文学家组成的一个国际研究小组拍摄的。这一国际小组对仙女座星系进行了有史以来最大规模的照相检查，覆盖了直径达 100 万光年的广袤宇宙空间。

来自英国布里斯托尔大学物理系的雅芳－哈克瑟博士表示这些照片提供了直接的证据证

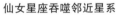
仙女星座吞噬邻近星系

明，一些星系天生就是"掠食者"。天文学家已经将研究文章发表在科学期刊《自然》杂志的网络版上，雅芳－哈克瑟博士是该研究文章的作者。雅芳－哈克瑟博士说："星系是大量恒星和其他物质因为引力而聚集在一起的巨大集合。理论认为星系通过吸收较小的星系来演化、成长。验证这一点的一种方法是找到这一过程的残留物。"不过哈克瑟博士表示："找到这些微弱的残留物是困难的，因为这需要在比星系要广阔数百倍的广袤区域去寻找。"

除了地球所属的银河系，仙女座星系是在北半球唯一能够看到的河外星系。而银河系和仙女座星系正在相互靠近对方，在大约 30 亿年后两者可能会碰撞，在融合过程中将会暂时形成一个明亮、结构复杂的混血星系。该项研究是首次对仙女座星系的扩展成长展开的研究。哈克瑟博士说："关于这项研究最激动人心的是，我们第一次能够非常细致地观测到星系的融合。非常奇怪的是，对我们所属的银河系很难展开类似研究，因为我们身处其中，使得分析数据背后的含义变得困难。"曾有天文学家拍摄下较小的星系"死亡"后的遗迹。天文学家在仙女座星系也发现了首个银河系外行星存在的证据。

星系里的最大者

已知质量最大的星系是 M87（NGC4486），它的质量大约等于 27 万亿个太阳质量，几乎比我们的银河系还重 200 倍。M87 属椭圆星系，为 E 型，在室女座。

顺便提一下，这个质量最大的星系也是一个很强的无线电星系，它在无线电波段的辐射功率，在天体中也是名列前茅的。它的核有异常剧烈的活动。在该星系的西北方向有长串"喷流"从星系核中喷出。这种喷流不仅在光学上能见到，并且在无线电波段及 X - 射线波段都已经测量到。这每一块物质本身就足以形成一个独立的星系。这种大规模的喷射现象，真可称为宇宙中的奇观。

亮度最强的后发座

与恒星一样，星系间的亮度强弱也很悬殊。最强的是在后发座中的 NGC4874 及 NGC48899，它们的绝对星等都可达到 -22 等；而最弱的星系是在摩羯座内，它的绝对星等仅是 -6.5 等，两者相差 160 万倍。也就是说，倘若把它们都放到离我们 32.6 光年的地方，则前者要比 5200 个中秋明月还亮，而后者仅不过比金星亮五六倍而已。事实上，它的绝对亮度仅相当于 3 万个太阳。

后发星座是现在它们的简称，它原来的拉丁名称为拍勒奈栖之发。据说拍勒奈栖是埃及的王后，有一次在国王出征的时候，她曾许了一个愿：如果国王能凯旋归来，她就把她的头发献给庙神。后来国王果然打了胜仗，拍勒奈栖就割下自己的头发到庙里去还愿。国王对王后非常感谢。不料在第二天，王后的头发在庙中竟不翼而飞。国王万分懊恼。一个聪明的大臣指着天上一群星安慰国王说："这就是后发，因为皇后的头发太美丽了，她的真挚的心感动了神，神把头发摄到天上去了。"后来就将这大臣所指的天区称为后发座。

星系和星云之最

能量拥有最多者——星系核

许多星系都有一个较密集的中心部分——星系核。星系核一般活动性都相当强，其中以大熊座（即北斗星座）的 NGC3034 星系核爆发的景象最为壮观。

NGC3034 距我们约 1300 万光年，它的爆发是星系核爆发中能量最大的。从照片中仔细地看，还可看出许多纤维状的喷射物。这种喷射物以每秒 1000 千米的高速度一直延伸到离中心 14000 光年的远处。它爆发的能量，单单从红外波段辐射的能量就高达每秒 2000 亿亿亿亿千瓦，而我们的太阳每秒钟辐射的总能量还不到 4000 万亿亿千瓦。也就是说，NGC3034 单就红外波段的辐射就比 5000 亿个太阳的辐射能量还多，甚至比我们整个银河系所有波段的辐射总量还大得多。

我们再从另外的角度来描述这么巨大的能量。假若这个星系核从形成到现在都以这样的规模进行着剧烈的爆发，那么它已辐射的能量高达 1056 尔格。这比猛烈的超新星爆发还要强烈几百万倍，而一颗超新星爆发就能放

NGC3034 **星系**

出相当于几十亿亿亿颗氢弹爆炸时所放出的能量。由此可想象出 NGC3034 爆发的能量是多么巨大！

最令人迷惑不解的星系

科学家推测我们的宇宙到处都有暗物质，但旋涡星云 NGC 4736 中却找不到无形的暗物质，目前天文学家无法给出解释。在多数星系的外围，恒星围绕着中心高速飞行，根据速度，它们应该会摆脱引力的束缚。我们所能观察到的恒星内部和气体的质量没有足够的引力维持这种高速的飞行，暗示着一些质量可能看不见。天文学家把这些看不见的东西称为暗物质，它们遍及整个宇宙、所有星系。天文学家对旋涡星云 NGC 4736 的观察发现，它的旋转完全依靠可观察的物质的引力来解释，换句话说这个星系没有暗物质或者暗物质非常少。

迷惑不解的星系

最大的星系堆积

像银河系这样的超大质量星系通常形成于较小星系之间的碰撞。美国宇航局斯皮策太空望远镜拍摄到 4 个星系发生碰撞形成 CL0958＋4702 堆积星系的全过程。最终星系的碰撞结果形成了一个 10 倍于银河系的大星系。这 4 个星系撞击后合并成了一个人类迄今为止观测到的最大规模的星系，每个星系都包含了数十亿颗恒星。这一发现对于研究宇宙中巨大星系的形成过程具有非常重要的意义。

最高产繁忙的星系

美国哈佛史米森天体物理观测台的天文学家们发现了一个奇特星系。借助夏威夷群岛上的射电望远镜，科学家们成功发现一个每年平均可孕育出 4000 颗恒星的星系。相对比而言，在我们银河系中目前每年新形成的恒星数量不会超过 4 颗。研究人员称，这一名为 GOODS 850－5 的星系距离地球非常遥远，大约 120 亿光年。但正是由于这一难以想象的距离，所以我们现在看到的其实是 GOODS 850－5 星系形成 15 亿年时的状况。

高产繁忙的星系

射电星系之最

形态最特殊的星系

天体与仅仅发可见光的电灯不一样，除了能发出可见光、紫外光、红外光外，还会发出无线电波——射电波、x 射线、γ 射线等。对于那些能发出很强无线电波的星系，天文上称之为射电星系。

许多射电星系的光并不强，可射电却很强。对于这样的星系，一般望远镜是"视而不见"的，只能用射电望远镜——像雷达那样一类的仪器才可发现和研究它们。

发现最早（1946 年）和射电最强的星系是天鹅座 A。它发出的射电功率达十亿亿亿亿千瓦，比太阳光的功率大 300 亿倍。银河系的射电是千亿亿亿千瓦，只有它的百万分之一。

天鹅座 A 距我们有 10 亿光年的距离，大小约 35 万光年。奇怪的是它的无线电波"发射台"主要位于远离星系的两端，而与星系相合的位置上倒只有一个弱"发射台"。在它的中心，用光学望远镜可看到一个形态特殊的星系，20 世纪 60 年代初，人们还误认为是两个星系相互碰撞！

最近和最远的射电星系

半人马 A 是离我们最近的射电星系。在光学望远镜内它是 NGC5128，是一个特殊星系，有一条暗的尘埃带贯穿星系的中间。这个射电星系离我们还不到 2000 万光年，只有天鹅 A 距离的 1/50。

最远的射电星系是 3C295，在牧夫座的位置内，它离我们约 70 亿光年，比半人马 A 远 350 倍！

星系和星云之最

星云之最

最壮丽的星云

在壮丽的猎户星座中央，有一个肉眼看来模糊的斑点，它就是著名的猎户座大星云。宇宙中能用肉眼看到的星云只有这一个，其它星云需用望远镜才能看到。该星云离我们约1500光年。它是一个巨大的弥漫星云，估计直径达300光年，但只有直径约25光年的一小部分被星光照亮而被我们看到。

猎户座大星云

星云比恒星要稀薄得多，它形状不规则，边界不明显。猎户座大星云内每立方厘米大约包含300个原子，而地面上的空气中每立方厘米有1000亿亿个分子，比它密3亿亿倍。尽管这样稀薄，由于它们范围很大，只要受到近旁炽热恒星的照耀，仍然是可见的，称为"亮星云"。这个星云的体积约为7000光年，包含1060个原子，总质量相当于1500个太阳。

还有一类"暗星云"，由于近旁无炽热恒星，所以不会发光。其实它同亮星云没有本质的区别。暗星云则是由于挡住了后面的星光而被发现，猎户座马头星云就是暗星云。

世界最早的星云表

18世纪时，大口径的天文望远镜尚未问世，人们的天文知识还相当贫乏，有些观测者误将观测到的星云、星团当作了太阳系中的彗星。为了避免这种混淆，法国天文学家梅西叶在 1784 年把当时能观测到的"星云"一一列了"档案"，编出了一本天上最亮的星云表。在这本世界最早的星云表中，他搜集和记录了 108 个天体的坐标（赤经、赤纬）、硬亮度等。因编者梅西叶姓氏的第一个字母是 M，大家称这个表为 M 星表。例如，著名的超新星遗迹蟹状星云就列为 M1。

后来发现，M 星表中的 108 个天体，有 58 个是星团（很多恒星集聚在一起），真正的银河系内的气体和气体—尘埃星云只有 11 个。余下的 39 个，用现在的望远镜看，它们既不是星团，也不是星云，而是与我们银河系一样的星系。

星系团和星系系统之最

星团中最亮的 6 颗星

留意星空的人们会注意到，在金牛座中有一簇星，视力正常者能用肉眼分辨出六七颗，故通常称为"七姊妹星"。在望远镜中则能看到几十至几百颗恒星。它们聚集在一个体积不大的空间内，成为一个星团，这就是著名的"昴星团"。它离我们约 417 光年，直径约 13 光年。其中最亮的 6 颗星是：金牛 η（昴宿六）、金牛 27（昴宿七）、金牛 17（昴宿一）、金牛 20（昴宿四）、金牛 23（昴宿五）、金牛 19（昴宿二），它们的星等都在 3 ~ 4 等左右。

在银河系中，由 10 个以上恒星相对集聚的星群，称为星团。如昴星团、毕星团等，它们的形状不太规则，分布在银道平面，称为"疏散星团"。银河系内已发现了约 1000 个疏散星团。

恒星中的"元老"——球状星团

由成千上万甚至几十万颗恒星组成的密集的星团，称为"球状星团"。

球状星团的成员星，是银河系中形成最早的一批恒星，年龄大约为 100 亿年。而昂星团的年龄仅有 5000 万年。

球状星团中的最闪亮者

全天最亮的球状星团为半人马座 ω，即 NGC5139，距离我们约 16800 光年。在银河系中已确认的球状星团只有 132 个。在球状星团内发现了很多天琴座 RR 型变星，它们的绝对星等能够较准确地决定，只要测定它们的视星等，就可算出距离。这是确定球状星团距离的一种好方法。

最早发现的双核星系

银河系有一个较密集的核。其他的一些星系也有星系核，如仙女座大星云就有两个较大的椭圆形的核。一般的星系中观测到的核只有一个。虽然天文学家强烈地期待着发现双核的星系，但以前一直未观测到。直到 1979 年 4 月，由美、苏、西德、瑞典四国射电天文学家进行了联合观测，才发现了第一个双核星系。经计算，这个星系核的总质量为太阳质量的 3 亿倍，它的直径大于 1 亿光年。

最密集的星系团

星系的分布也与恒星分布相似，不是成群成团的。两个星系在一起叫双重星系，三个星系在一起的叫三重星系，更多的如有成百上千，甚至几万个星系分布在较近的区域，称为星系团。星系团中最密集的是在飞马座的星系团。

在这个最密集的飞马座星系团中，平均在边长为 100 万光年的立方体中有 58 个星系，这比我们所观测到的宇宙空间中平均的星系密度要密 40000 倍之多。这个星系团距离我们 1.4 亿光年，直径达 470 万光年。

最远和最近的星系团

目前已观测到的星系团有 3000 个左右，其中距我们最近的是室女座星系团。它离我们"仅"约 6000 万光年。它东西横跨 15°，南北延伸 40°，占了很大一片天区，直径约 850 万光年。这个星系团也很亮，在 249 个最亮星系中，倒有 203 个星系是这个室女星系团的成员。这个星系团中一共约包含星系 2500 个。

距我们最远的星系团是 3C295 所在的星系团，它距我们约有 50 亿光年，比室女星系团远 80 倍以上。由于它太远了，即使用目前最大的望远镜，在照相底片上也仅呈现一些"尘埃"点，要细看才能分辨出来。

最巨大的超星系

除了上述所提到的由成百上千个（有时甚至是几万个）星系所组成的星系团外，还存在着一种叫做超星系的系统。超星系是 1953 年法国天文学家对亮的星系作统计时发现的。在这个超星系中约有 10 万个星系，它是宇宙中已知的最大的系统。它们大致分布在一个与银河面相垂直的大圆环中，这个圆环虽然只占我们所看到的天区面积的 1/10，但所有的亮星系倒有 2/3 是在这超星系系统中。经过细致的观测，发觉这个星系系统的圆环相当薄，环的直径比环的厚度要大 5 倍，这种现象在星系团中从未发现过。这个超星系的直径大到 2 亿光年。它的质量相当于 1000 万亿个太阳质量。

我们的银河系也是这个超星系的成员，但不在它的中心，而在离它外缘约 1000 万光年左右的地方。这个超星系的中心在室女星系团中，因此室女星系团也可看成是这个超星系的核心。这个超星系称为本超星系。

还有人对一些弱的星系作了类似的统计研究，发现它们有可能也构成另一个邻近的超星系系统。

最厉害的宇宙大爆炸

原子弹、氢弹爆炸时会产生巨大的能量，这是人所共知的。而太阳每秒钟辐射的能量据计算约为 3.826×10^{33} 尔格，这相当于"嘀嗒"一声，在太阳上就爆炸了 900 亿颗氢弹。太阳已生存了几十亿年，这样的爆炸也持续了几十亿年。可是在银河系中，太阳的这点能量也只是微乎其微的。有一种超新星在一个瞬间所释放的能量，相当于 1018 颗氢弹爆炸，是太阳能量的几千万倍，这更令人惊奇了。

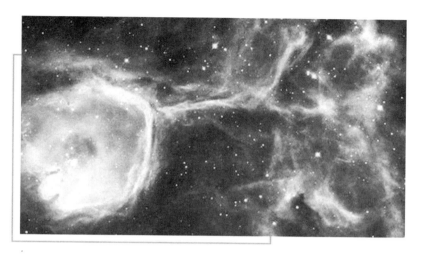

星系爆炸

　　在宇宙中，有着千千万万个像银河系这样的星系，星系爆炸是宇宙中规模最大的爆炸。据最近美国报纸报道，科学家从不久前人造卫星自动记录下来的材料中，发现了宇宙空间中一个星系的一次大爆炸，爆炸只持续了 1/10 秒，但释放出来的能量相当于太阳 3000 年释放的能量，这是有记录以来最强大的一次能量爆炸。当科学家们看到记录这次爆炸的材料时，都惊讶得瞠目结舌。他们认为这次爆炸释放能量的比率比太阳的能量释放率大 1000 亿倍，如果同样的爆炸发生在银河系附近，那将使地球周围的大气层变得灼热，如果太阳也喷出与这次爆炸同样数量的能，地球就要立刻气化。由此而产生的问题：如星系内部结构是什么样的？巨大的能量究竟从何而来？……都吸引着人们去探索。

类星体之最

类星体的发现

20 世纪上半叶，天文学家发现了河外星系，并在此基础上搭建了现代宇宙观的基本结构。此时，天文观测手段已经历了 3 个世纪的不断改良与革新，观察视界已扩展到银河系外距离以亿光年计算的地方。于是，到20 世纪 60 年代，人类自以为是的老毛病又犯了。一些天文学家自信地认为，人类对恒星、星系的了解，已基本涵盖了宇宙中的各类天体，天空中不会再有令人震惊的新天体被发现了。然而面对科学，人类永远不能说"大功告成"。在宇宙深处，还有不知多少神秘星辰默默运转着，并不在意人类是否了解它们。

就在 20 世纪 60 年代，一种闪着耀眼光芒的古怪天体出

类星体

现在人类眼前。此后 30 年里，科学家对它的身份来历进行了种种猜测与争执，却始终莫衷一是，得不出任何有说服力的结论。因此，这种被称为"类星体"的天体，在现代天文学中占据了十分独特的地位。

诞生于 20 世纪 30 年代的射电天文观测技术，具有比光学观测手段更高的分辨率、更大的观测范围。天文学家利用它对深空中的射电源进行研究，并发现射电信号主要是由湍动的气体产生的。部分射电源基本可以被认为来自含有这类气体的天体，如星云、超新星遗迹、远星系等。然而，有些射电源看上去异乎寻常的小，难以归入此类，被称为射电致密源。随着射电望远镜越来越精密，对射电致密源的观测也越来越清晰。人们开始发现，射电辐射也可能是由单个恒星发射出来的。在英国天文学家 M·赖尔及其同事编制的"剑桥第三射电星表"（3C）中，就有几个明显的射电致密源，如3C48、3C147、3C196、3C273 和 3C286。

1960 年，美国天文学家桑德奇利用 5 米口径的望远镜，对这几个射电致密源所在的天区进行了仔细搜寻，发现每个区域中都有一颗恒星——至少在照相底片上，它们看起来与恒星很相似——好像就是射电源的光学对应体。被探测到的第一颗这类恒星是与 3C48 射电源相关的恒星。分光探测表明，它的光谱中有许多陌生的强而宽的发射线，看不出这些谱线对应何种元素，此事令天文学界大为困惑。1963 年，射电源 3C273 的光学对应体被确认，它是一个与 13 星等的恒星类似的天体，其光谱与 3C48 很相似，同样难以辨认。荷兰天文学家 M·施米特对3C273 进行了仔细研究，发现其光谱的 6 条谱线中有 4 条的排列方式与氢光谱十分类似，但离氢谱线应该存在的位置太远。施米特大胆地判断，这些奇怪的谱线并非对应某种未知元素，它就是最普通的氢元素的发射线，只不过红移得很厉害。根据计算，3C273 光谱的红移程度为0.158，即波长宽了 15.8％。虽然这么大的红移表示该天体退行速度大得有些难以想象，但它可以很好地把 3C273 的 6 条谱线解释为氢、氧、镁的光谱，所以人们很快就接受了这种说法。至此，困扰天文学界三年之久的谜被揭开了。

随后，3C48 的谱线也得到了确认，它的红移更大，达到 0.367——这也难怪人们早先不敢认了。此后发现的其他同类天体光谱也是如此，只要假设存在巨大红移，便可轻易地解释其谱线对应何种元素。

这些有关的天体以前早就被人们以光学手段记录下来，并被认为是银河系中普通的暗弱恒星，实际上它们是强射电源。详细的拍照研究表明，射电致密源虽然在照相底片上看起来很像恒星，但终归不是普通的恒星。天文学家把它们命名为"Quasar"，即英文"类恒星射电源"的缩写。此后，又发现了一些光学性质与 3C48、3C273 相似的天体，但它们并不发出射电辐射，这类天体被称为蓝星体。类恒星射电源和蓝星体被归为一类，英文名称 Quasar，但含义扩大为"类似恒星的天体"，简称"类星体"。这个名字虽有些拗口，却很快就被天文学界接受了。

类星体的发现，与宇宙微波背景辐射、脉冲星、星际分子并列为 20 世纪 60 年代天文学四大发现。

类星体之最

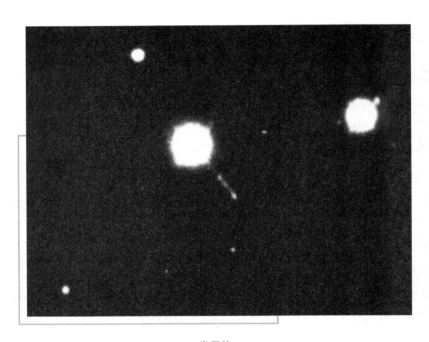

类星体

最古怪的特性

类星体是 20 世纪 60 年代最重要的天文发现，引起了一阵观测类星体的热潮。60 年代末期，在一次大规模集中搜寻中，就发现了 150 个类星体。到 70 年代末，已观测到的类星体就超过了 1000 个，其中约 1/3 为类恒星射电源。据估计，我们能够观测到的类星体至少数以万计。迄今，人们虽仍未弄清楚类星体真正的身份，但对其热衷程度却未减，哈勃望远镜等重要的当代天文设备，都以观测类星体为其重要任务之一。

总结起来，类星体大致有如下特点：

（1）类星体在照相底片上呈现类似恒星的像，即星状的小点，这表示它们的体积较小。极少数类星体被暗弱的星云状物质所包围，如 3C48；另有些类星体会喷射出小股的物质流，例如 3C273。

（2）类星体光谱中有许多强而宽的发射线，最常出现的是氢、氧、碳、镁等元素的谱线。氦线一般非常弱或者没有，这表明类星体中氦元素含量很少。现在一般认为，类星体光谱的发射线产生于一个气体包层，产生的过程与普通的气体星云类似。光谱发射线很宽，说明气体包层中一定存在强烈的湍流运动。有些类星体的光谱是有很锐的吸收线，说明产生吸收线的区域内湍流运动速度很小。

（3）类星体发出很强的紫外辐射，因此颜色显得很蓝（这也是为什么非射电源类星体被称为蓝星体）。光学波段

类星体

的辐射是偏振的，具有非热辐射的特性。此外，类星体的红外辐射也非常强。

（4）类恒星射电源发出强烈的非热射电辐射。射电结构一般呈双源型，少数呈复杂结构，也有少数是非常致密的单源型。致密单源的位置基本与光学源重合。

（5）类星体一般都有光变。大部分类星体的光度都在几年里发生明显变化，也有少数类星体的光变非常剧烈，在几个月甚至几天里光度变化就很大。类星射电源的射电辐射也经常发生变化。光学辐射和射电辐射的变化并无明显周期性。

（6）类星体光谱的发射线都有巨大的红移。红移最大的类星体，发射谱线波长能够扩大好几倍。对于有吸收线的类星体，吸收线的红移程度一般小于发射线的红移。有些类星体有好几组吸收线，分别对应于不同的红移，称为多重红移。

（7）一些类星体还发出很强的 X 射线。

与黑暗能量最密切

据国外媒体报道，美国天文学家们在斯隆数字天空测量中心通过对超过 4000 颗位于遥远宇宙的明亮类星体的探测发现，这些宇宙中的"灯塔"有明显的丛生趋势。在遥远的宇宙中，由明亮的类星体形成的超星系团非常多，这说明这些类星体是通过某种未知的黑暗能量而互相联系在一起的。

负责这项研究工作的是来自普林斯顿大学的研究生越胜（音），他解释说："此前科学家们也曾经对这些类星体进行过分析研究，甚至绘制过它们的分布图，但是这些分布图都显示出类星体好像是处在一个'正常'的星系中，但是我们此次观测到的类星体却并不是这样，我们发现类星体的分布有明显的丛生趋势，它们之间好像存在着一股神秘的力量。"

类星体是在其他的星系中由于质量巨大的黑洞作用形成的涡旋气体组

成的，其生长速度非常快。由于类星体本身可以发出强烈的光线，所以在遥远的宇宙中非常显眼，被誉为宇宙中的"灯塔"。我们目前对于类星体的认识还仅仅停留在表面水平，由于光的运行速度有限，所以科学家们观测到的类星体都只是其历史上的某一个状态而已。

类星体世界之最

宇宙中最明亮的类星体

参与了类星体研究工作的另一名天文学家，来自普林斯顿大学的马歇尔·施特劳斯（音）称："类星体存在于星系当中，但与众不同的是它的周围弥漫着神秘的宇宙黑暗能量。宇宙黑暗能量非常巨大，通常情况下它的能量相当于一颗恒星的 10 还要多。我们此次探测还发现了有史以来最大的一颗类星体，它的质量大约是太阳的几万亿倍，在宇宙中散发出的光芒的强度也是无人能及，这也从另一个角度证明我们的理论可能是正确的。这个巨大的类星体距离我们约有 2 亿光年，到目前为止，人类探测到的距离地球 11 亿光年以上的类星体非常少。"

该研究小组的另一名成员，来自 Drexel 大学的天文学家格尔登·里查德斯称，斯隆数字天空测量中心使我们能够拍摄到宇宙深处的照片，并从中分析哪些星体才是真正的类星体。通过使用排除法，我们最后可以确定出重点的研究目标，并对它们进行重点探测。

里查德斯表示，由于受到恒星引力的作用，今天我们所看到的宇宙黑暗能量已经比早期宇宙中的增强了许多。他说："如果把黑暗能量比作平原的话，那么类星体就是高山。宇宙中的星系和黑暗能量都处在低海拔的地区，你在远处所能看到的就只有像类星体这样的高山。"

来自哈佛大学的理论学家阿威·罗伯表示，这种新的测量方法可以捕捉到质量巨大的黑洞在形成初期所发出的光线，这对于研究类星体的形成过程和宇宙黑洞及黑暗能量的原理有很大的帮助。他说："明亮的类星体在早期的宇宙中就应当存在了，而为什么类星体和黑洞都能够如此迅速地成长，这对我们来说还是一个谜。希望这项研究能够给我们带来惊喜。"

两颗最远的类星体

天文学家探测到迄今最远的两颗类星体。据认为，类星体是宇宙中最古老、最明亮的天体。

这两颗类星体是由执行"斯隆数字宇宙调查"计划的科学家探测到的。据参与该计划的主要研究人员、芝加哥大学的约克称，这两颗类星体可能距地球800亿光年远（光年是光在真空中1年所走的距离），约为10万亿千米。这一距离似乎难以想象。天文学家一直认为，宇宙本身年龄只有100亿～200亿岁，但当宇宙8亿岁时，这两颗类星体才开始向地球运动。约克在接

类星体

受采访时说："你们看到的来自这些天体的光，实际上是当它们更接近地球时从这些天体发出的。"如使用现有关于宇宙如何快速膨胀的理论，他估计，这两颗类星体距地球至少为800亿光年。

这两颗新探测的类星体距地球的距离打破了"斯隆计划"早期创造的记录。科学家预测，继续研究可能会探测到更遥远的类星体。科学家希望能捕获到10万颗类星体的数据，而目前已发现了1.3万颗。类星体，特别是遥远的类星体在研究中十分重要，由于它们发射的某些光可被向地球运动的天体所吸收，并能留下该地区的"印记"，因此天文学家可通过检测这一印记来了解那些星体的状况。所以，约克说，观测一颗远距离类星体，将有助于研究处于类星体和地球之间的几百个遥远星系的生成和发展。

类 行 星 中 的 最 特 殊 者

质量最大的天体

1972 年 12 月，科学家第一次对天鹅座 X－1 存在黑洞作出解释，认为它是一个天体，质量相当于 10 个太阳。这个天体的引力是如此之大，以致脱离这个天体所需达到的速度超过了光速。这就说明了为什么光也跑不出来，所以人们不可能看见它。

1978 年初，有人估计特大黑洞的质量可达 1 亿个太阳的质量，即 2×10^{35} 吨（2000 亿亿亿亿吨）。

1979 年 3 月，位于悉尼以西 320 千米西丁斯普林斯的英—澳天文台用光学望远镜对准 HEAO－B 射电源，发现了宇宙中的一个巨大黑洞。艾伦·赖特博士说，它可能是所发现的能量最大的星体，它距离地球有 100 亿光年，宽度大约为 1 亿光年。据说这个黑洞平均每星期要吞没一个恒星。

世界首例——三重类星体

一个国际科学家研究小组于 1997 年宣布，他们发现了由 3 颗邻近类星体组成的三重类星体。通过计算机模拟，科学家演示了宇宙形成初期星系间的剧烈作用过程。

有关三重类星体的研究刊登在《自然》杂志网站上。

就科学家所知，类星体体积不大，有的个头和太阳差不多，但它能辐射巨大能量，一颗类星体辐射出的能量可以达到数千万颗太阳辐射能量的总和。由于辐射能量巨大，类星体超亮，以至它在距离地球数十亿光年外的地方也能被科学家观察到。

类星体是宇宙独行者，它们很少结伴出现，在迄今发现的 10 万颗类星体中，仅约 100 颗成对出现。研究负责人、美国加州理工学院天文学家乔治·迪约可夫斯基说："二重类星体已属罕见，这次发现的三重类星体更是世界首例。"

新发现的三重类星体距离地球约 100 亿光年。在西雅图召开的美国天文学会上，迪约可夫斯基告诉记者，三颗类星体在如此靠近的情况下形成，几率仅为 2 万万亿分之一。

由于科学家估计宇宙年龄约为 137 亿年，迪约可夫斯基说，这意味着科学家如今看到的可能是宇宙复杂演化过程中最初阶段的星系活动情况。那时宇宙比现在小得多，星系活动剧烈，诸多星系频繁撞击，它们中央的黑洞彼此影响和作用，孕育出类星体。

类星体最近的表亲——微类星体

微类星体是类星体的小型表亲。从其命名看得出来是源自类星体，而

类星体之最

微类星体

两者间有些共同点：强烈且时变的无线电波放射，常表现成无线电波喷流，以及一个围绕黑洞的积气盘。在类星体，黑洞具有超级大的质量（百万计的太阳质量）；在微类星体，黑洞质量为几个太阳质量。

一颗普通的恒星，而且积气盘在可见光区与 X 射线区具有非常高的亮度。微类星体有时候称作"无线电波喷流 X 射线双星"，以和其他的 X 射线双星（X－ray binaries）作区别。一部分的无线电波放射来自于相对论性喷流（近光速），常表现出外显的超光速运动。

微类星体在研究相对论性喷流方面极为重要。喷流成形于黑洞附近，而黑洞附近的时间尺度和黑洞质量成比例关系。因此，寻常的类星体要几百年才做的改变，微类星体可以在一天内完全经历。

类星体之最

天文探索之最

最远的"信使"——天文望远镜

最早天文望远镜

在古代，人们仰望星斗，所见极其有限，即使是"近在咫尺"的月球，情况也不甚了然。他们把月面上大大小小的环形山和月海，当作了"广寒宫"的影子，幻想出了吴刚伐桂和玉兔捣药的神话。至于对其他的天体，人们当然了解得更少了。

第一架天文望远镜的问世，改变了这种局面。据说早在公元1300年，意大利就出现了凸透镜的远视眼镜，1450年又出现了凹透镜的近视眼镜。17世纪初，荷兰眼镜商里普希的一个学徒无意

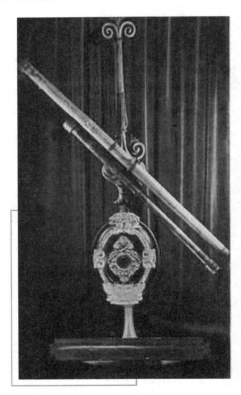

第一架天文望远镜

中发现，一组凹凸透镜可以使教堂上高高的风标变得近在眼前，于是这种"幻镜"立即成为贵族太太、小姐们手中的珍奇玩物。里普希很有远见，他造了一架望远镜献给政府。据说这些望远镜后来使得荷兰海军在抗击强大的西班牙舰队的苦战中反败为胜。

1609 年 5 月，望远镜的消息传到了意大利，热衷于科学研究的伽利略马上想到把它用于科学探索。他在一天之内就制成了一架能放大 3 倍的土望远镜，但这只能观赏远景。伽利略并不气馁，几经努力，终于在年底前造出了一架口径为 4.4 厘米、长 1.2 米、能放大 33 倍的当时最好的天文望远镜。

当然，今天看来，这架望远镜简陋得简直可笑：它只是一个圆筒，前头放一片凸透镜，后面置上一块凹透镜，除了少不了的支架外，再也没有其他什么附属设备了。但当这第一架天文望远镜指向天空时，就为我们开创了天文学的新世纪，使人类在认识宇宙的征途上向前迈进了一大步。

通过这第一架天文望远镜，人们第一次看到了月球上的环形山，看到了熊熊的太阳上有不少变化着的黑斑（黑子），了解了木星有 4 个卫星，证明了金星像月球那样有圆缺的位相变化，并且使神奇莫测的银河分解成了点点繁星……总之，由于它的赫赫功勋，用伽利略的话来说："从今取消了上帝的天堂！"

射电望远镜之最

一提到望远镜，大家首先想到的是观剧和军用的双筒望远镜以及外形像巨大高射炮似的天文光学望远镜。虽然它们的外形迥异，但从其作用来说，都是接受物体的光辐射。然而，很多天体不仅发出各种颜色的光，还有各种波段的无线电波，因此天空中充斥着"永不消逝的电波"。它们同样是远方天体的"信使"，为我们带来了珍贵的天体信息。接收和研究这些信息，是我们探索宇宙的重要手段。

不过，只有专门的仪器——射电望远镜才能接收这种宇宙射电。射电望远镜的原理和结构有些像雷达，主要由天线和接收机两部分组成。所不同的是雷达本身发射无线电脉冲信号，这信号遇到金属体（如飞机、军舰等）反射，再被雷达所接收。而射电望远镜则因天体有无线电辐射而本身不必再装发射装置，只要有灵敏度很高的接收机直接接收就行。但因为这些天体实在太远，射到地球上的辐射很弱，为了更多地接收它们的无线电辐射，就需要配备巨大的天线系统。

射电望远镜有两大优点：它可透过光穿不过的云层，甚至不怕雨雾的阻挡，所以原则上它是"全天候"的仪器，可不分晴雨昼夜使用；它能收到极微弱的辐射，比大光学望远镜"看"得更远。因此它初露头角，就作出了不凡的成绩。尤其在 20 世纪 60 年代，前面说到的天文上的"四大发现"，都是它的功绩。

第一台正式用于天文上的射电望远镜是美国无线电爱好者雷伯在 1937 年制成的。他花费了很多时间和金钱，克服了许多困难，终于获得了成功。

这台望远镜的接收天线是个抛物面，直径 9.45 米。雷伯将它放在他家的后院里。它诞生后不久，就身手非凡，为人类发现了好几个宇宙射电源（发出无线电波的天体）。1939 年春，雷伯用这架望远镜获得了第一张我们银河系的无线电强度分布图。

最先发明的反射望远镜

折射望远镜不仅镜筒很长，使用不便，制造巨大的光学玻璃也十分困难，口径很难进一步扩大。还有一个严重的缺点是它常有严重的色差现象，使得被放大的物体周围产生一圈彩虹似的花边，这样就得不到高质量的天体光谱。因此第一架天文望远镜问世不久，就有人开始了反射望远镜的研制工作。

第一架反射镜是英国著名科学家牛顿（1642～1727）设计制造的，时间是 1668 年。顾名思义，

反射望远镜

反射镜是靠镜面反射光的，所以凹面的物镜放在望远镜的后面。牛顿制造的反射镜面是一块金属，面积很小，直径只有 2.5 厘米，全长 15 厘米，但却可放大 40 倍。

科技的最前沿——多镜面望远镜

目前最大的反射望远镜的口径已达 6 米。如果再制造更大的单块镜面，一方面工艺上有很大困难，另一方面价格又过于昂贵。因为望远镜的口径扩大 1 倍，造价要增加 8～18 倍。所以，近来有人提出用多镜面望远镜来增大有效口径。1971 年，美国开始研制这种多镜面望远镜，已有一台安装在霍普金斯山。1979 年调试结束，开始正常使用。这架望远镜由 6 个口径各为 1.8 米的反射望远镜组成。6 个望远镜绕中心轴排成六角形，组合后的口径相当于 4.5 米。今后，可利用这种技术制成口径更大的望远镜。还有最新的多面望远镜，口径 208 厘米，成像镜口径 152 厘米，焦距几乎达 100 米，

多镜面望远镜

所成的太阳像的直径有 84 厘米，与饭桌桌面差不多！它可以分清太阳上相隔 217 千米的所有细节！

最大的折射望远镜

叶凯士天文台坐落于美国威斯康辛州威廉斯湾，附属在芝加哥大学，于 1897 年由乔治·埃勒里·海耳创立，并获当时大企业家查尔斯·耶基斯资助。该天文台圆顶内有一支 40 英寸口径的折射望远镜，由光学大师克拉克建造，与天文台一起落成启用，直到现时为止仍是世界上口径最大的折射望远镜，该天文台还有两支 40 英寸和 24 英寸口径的反射望远镜。

最大的光学仪器——空间望远镜

空间望远镜是在地球大气外进行天文观测的大型望远镜。由于避开了

空间望远镜

大气的影响和不会因重力而产生畸变，因而可以大大提高观测能力及分辨本领，甚至还可使一些光学望远镜兼作近红外、近紫外观测。但在制造上也有许多新的严格要求，如对镜面加工精度要在 0.01 微米之内，各部件和机械结构要能承受发射时的振动、超重，但本身又要求尽量轻巧，以降低发射成本。

空间望远镜之最

第一架空间望远镜是哈勃望远镜，是以天文学家哈勃为名，在轨道上环绕着地球的望远镜。于 1990 年 4 月 24 日由美国"发现号"航天飞机送上离地面 600 千米的轨道。其整体呈圆柱型，长 13 米，直径 4 米，前端是望远镜部分，后半是辅助器械，总重约 11 吨。该望远镜的有效口径为 2.4 米，焦距 57.6 米，观测波长从紫外的 120 纳米到红外的 1200 纳米，造价 15 亿美元。原设计的分辨率为 0.005，为地面大望远镜的 100 倍。

天文学家之最

磨镜最多的人——威廉·赫歇尔

现代天文学离不开望远镜，不少天文学家为研制口径更大、性能更好的望远镜耗费了许多心血，而其中堪称一代大师的是英国著名天文学家威廉·赫歇尔。

威廉·赫歇尔出生于德国，18 岁时移居英国。他原来是一个兴趣广泛的钢琴师，并通晓语言学，热衷过数学，迷恋过光学，后来终于决心献身于天文学，并作出了巨大的贡献。他发现了天王星，发现了土星及天王星的两个卫星，发现了太阳在星际空间的运动。他最早研究了双星——星云和星团，创立了恒星天文的研究方法，探索了银河系的结构。此外还有一个重大的贡献是，他一生磨出了 400 多块天文望远镜镜头。

威廉·赫歇尔

威廉·赫歇尔从35岁开始磨制望远镜，很快成了一个磨镜迷。他工作起来会忘了睡觉和吃饭，一天常常辛勤劳动十多个小时，以致他的妹妹嘉罗琳·赫歇尔只得把他的生活管起来，甚至还要在磨镜台前喂他吃饭！他磨出的反射镜，其中最大的一块口径为1.22米。他用来巡天观测的那架望远镜也是自己制作的。这架望远镜的框架长达12.2米，简直相当于一门巨炮。

宇宙射电的最早发现者

人们自古以来只用肉眼观测研究天体。谁也没有想到，这些天体还会像电台那样发射无线电波。最早窥破其秘密的是美国贝尔电话实验室的一位年轻无线电工程师——央斯基。

央斯基生于1905年，23岁时进入贝尔电话实验室工作，专门负责搜索和鉴别电话的干扰信号。1931年，他在设法排除电话中的天电干扰信号时，偶然发现了一种十

央斯基

分微弱但又十分稳定的噪声，而且它的最大值出现周期与地球的自转周期相同，正好为 23 小时 56 分 04 秒。他经过一年多的研究，断言这种无线电辐射来自银河系的中心。由此央斯基成为射电天文学的创始者和奠基人。

射电天文问世后，它和光学天文互相促进，互为补充，彼此相得益彰，成为人们探测宇宙的另一个重要手段。在 20 世纪 60 年代天文上的四大发现：类星体、无线电波段的星际分子谱线、微波背景辐射及脉冲星，都是射电天文界引为自豪的功绩。它们的许多奇特性质的发现，至今仍引起天文学界和物理学界的浓厚兴趣。

天文学上最伟大的革命者——哥白尼

哥白尼（1473～1543），波兰天文学家，日心说创立者，近代天文学的奠基人。

哥白尼 1473 年 2 月 19 日出生于波兰维斯杜拉河畔的托伦市的一个富裕家庭。18 岁时他就读于波兰旧都的克莱考大学，学习医学期间对天文学产生了兴趣。1496 年，23 岁的哥白尼来到文艺复兴的发源地意大利，在博洛尼亚大学和帕多瓦大学攻读法律、医学和神学。博洛尼亚大学的天文学家德·诺瓦拉（1454～1540）对哥白尼影响极大，哥白尼在他那里学到了天文观测技术以及希腊的天文学理论。哥白尼后来在费拉拉大学获宗教法博士学位。哥白尼作为一名医生，由于医术高明而被人们誉名为"神医"。哥白尼成年的大部分时间是

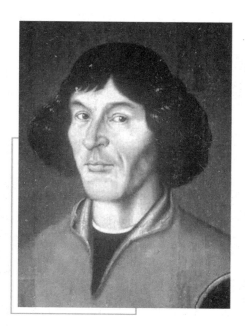

哥白尼

在费劳恩译格大教堂任职当一名教士。哥白尼并不是一位职业天文学家，

他的成名巨著是在业余时间完成的。

哥白尼经过长期的天文观测和研究，创立了更为科学的宇宙结构体系——日心说，从此否定了在西方统治达一千多年的地心说。日心说经历了艰苦的斗争后，才为人们所接受，这是天文学上一次伟大的革命，不仅引起了人类宇宙观的重大革新，而且从根本上动摇了欧洲中世纪宗教神学的理论支柱。"从此自然科学便开始从神学中解放出来"，"科学的发展从此便大踏步前进"（恩格斯《自然辩证法》）。

最爱好学习的天文学家——伽利略

伽利略·伽利雷（1564～1642），意大利著名数学家、物理学家、天文学家和哲学家，近代实验科学的先驱者。

1590年，伽利略在比萨斜塔上做了"两个铁球同时落地"的著名实验，从此推翻了亚里士多德"物体下落速度和重量成比例"的学说，纠正了这个持续了1900年之久的错误结论。

1609年，伽利略创制了天文望远镜（后被称为伽利略望远镜），并用来观测天体。他发现了月球表面的凹凸不平，并亲手绘制了第一幅月面图。1610年1月7日，伽利略发现了木星的4颗卫星，为哥白尼学说找到了确凿的证据，标志着哥白尼学说开始走向胜利。借助于望远镜，伽利略还先后发现了土星光环、太阳黑子、太阳的自转、金星和水星的盈亏现象、月球的周日和周月天平动，以及银河是由无数恒星组成等等。这些发现开辟了天文学的新时代。

伽利略

伽利略著有《星际使者》、《关于太阳黑子的书信》、《关于托勒密和哥白尼两大世界体系的对话》和《关于两门新科学的谈话和数学证明》等著作。

为了纪念伽利略的功绩，人们把木卫一、木卫二、木卫三和木卫四命名为伽利略卫星。人们争相传颂："哥伦布发现了新大陆，伽利略发现了新宇宙。"

伽利略很早就相信哥白尼的"日心说"。1608 年 6 月的一天，伽利略找来一段空管子，一头嵌了一片凸面镜，另一头嵌了一片凹面镜，做成了世界上第一个小天文望远镜。实验证明，它可以把原来的物体放大 3 倍。伽利略没有满足，他进一步改进，又做了一个。他带着这个望远镜跑到海边，只见茫茫大海波涛翻滚，看不见一条船。可是，当他拿起望远镜往远处再看时，一条船正从远处向岸边驶来。实践证明，它可以放大 8 倍。伽利略不断地改进和制造着，最后，他的望远镜可以将原物放大 33 倍。

最早探测河外天文学的先驱——哈勃

美国天文学家爱德温·哈勃（1889～1953）是研究现代宇宙理论最著名的人物之一。他发现了银河系外星系存在及宇宙不断膨胀，是银河外天文学的奠基人和提供宇宙膨胀实例证据的第一人。

哈勃在芝加哥大学学习时，受天文学家海尔启发开始对天文学发生兴趣。他在该校时即已获数学和天文学的校内学位，但毕业后却前往英国牛津大学学习法律，1913 年在美国肯塔基州开业当律师。后来，他终于集中精力研究天文学，并返回芝加哥大学，在该校设于威斯康星州的叶凯士天文台工作。在获得天文学哲学博士学位和从军参

哈 勃

战以后，他便开始在威尔逊天文台（现属海尔天文台）专心研究河外星系并作出新发现。20 世纪 20 年代，天文界围绕星系是不是银河系的一部分这个问题展开了一场大讨论。他在 1922～1924 年期间发现，星云并非都在银河系内。哈勃在分析一批造父变星的亮度以后断定，这些造父变星和它们所在的星云距离我们远达几十万光年，因而一定位于银河系外。这项于 1924 年公布的发现使天文学家不得不改变对宇宙的看法。

1925 年，当他根据河外星系的形状对它们进行分类时，哈勃又得出第二个重要的结论：星系看起来都在远离我们而去，且距离越远，远离的速度越高。这一结论意义深远，因为一直以来，天文学家都认为宇宙是静止的，而现在发现宇宙是在膨胀的，并且更重要的是，哈勃于 1929 年还发现宇宙膨胀的速率是一个常数。这个被称为哈勃常数的速率就是星系的速度同距离的比值。后来经过其他天文学家的理论研究之后，宇宙已按常数率膨胀了 100 亿～200 亿年。

20 世纪初，大部分天文学家都认为宇宙不会膨胀出银河系。但 20 世纪 20 年代初，哈勃用当时最大的望远镜观察神秘的仙女座时，发现仙女座中的星云不是银河系的气体，而是一个完全独立的星系。在银河系之外存在许多其他的星系，宇宙比人类想象的要大许多。

最传奇的天才——霍金

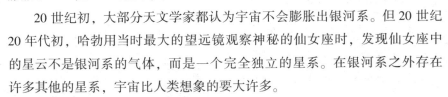

史蒂芬·威廉·霍金（1942 年 1 月 8 日～　　），1942 年 1 月 8 日在英国牛津出生，曾先后毕业于牛津大学和剑桥大学，并获剑桥大学哲学博士学位。他之所以在轮椅上坐了 47 年，是因为他在 22 岁时就不幸患上了会使肌肉萎缩的卢伽雷氏症，演讲和问答只能通过语音合成器来完成。霍金是英国剑桥大学应用数学及理论物理学系教授，当代最重要的广义相对论和宇宙论家，是本世纪享有国际盛誉的伟人之一，被称为在世的最伟大的科学家，还被称为"宇宙之王"。20 世纪 70 年代，他与彭罗斯一起证明了著名的奇性定理，为此他们共同获得了 1988 年的沃尔夫物理奖。他还证明了黑洞的面积定理，即随着时间的增加黑洞的面积不减。这很自然使人将黑洞的面积和热力学联系在一起。1973 年，他考虑黑洞附近的量子效应，发现

黑洞会像黑体一样发出辐射，其辐射的温度和黑洞质量成反比，这样黑洞就会因为辐射而慢慢变小，而温度却越变越高，它以最后一刻的爆炸而告终。黑洞辐射的发现具有极其基本的意义，它将引力、量子力学和统计力学统一在一起。

霍　金

1974 年以后，他的研究转向量子引力论。虽然人们还没有得到一个成功的理论，但它的一些特征已被发现。例如，空间—时间在普郎克尺度（10 ~ 33 厘米）下不是平坦的，而是处于一种泡沫的状态。在量子引力中不存在纯态，因果性受到破坏，因此使不可知性从经典统计物理、量子统计物理提高到了量子引力的第三个层次。

1980 年以后，他的兴趣转向量子宇宙论。

2004 年 7 月，霍金修正了自己原来的"黑洞悖论"观点，信息应该守恒。

霍金的生平是非常富有传奇性的，在科学成就上，他是有史以来最杰出的科学家之一，他的贡献是在他被卢伽雷病禁锢在轮椅上 20 年之久的情况下做出的，这真正是空前的。因为他的贡献对于人类的观念有深远的影响。

他拥有几个荣誉学位，而且是英国皇家学会会员。他提出宇宙大爆炸自奇点开始，时间由此刻开始，黑洞最终会蒸发，在统一 20 世纪物理学的两大基础理论——爱因斯坦的相对论和普朗克的量子论方面走出了重要一步。

他因患"渐冻症"（肌肉萎缩性侧索硬化症/卢伽雷氏症），禁锢在一把轮椅上达 40 年之久，他却身残志不残，克服了残废之患而成为国际物理界的超新星。他不能写，甚至口齿不清，但他超越了相对论、量子力学、大爆炸等理论而迈入创造宇宙的"几何之舞"。尽管他那么无助地坐在轮椅上，他的思想却出色地遨游到广袤的时空，解开了宇宙之谜。

霍金的魅力不仅在于他是一个充满传奇色彩的物理天才，也因为他是一个令人折服的生活强者。他不断求索的科学精神和勇敢顽强的人格力量深深地吸引了每一个知道他的人。患有肌肉萎缩性侧索硬化症的他，近乎全身瘫痪，不能发音，但 1988 年仍出版《时间简史》，至今已出售逾 1000 多万册，成为全球最畅销的科普著作之一。

他被誉为"在世的最伟大的科学家"、"另一个爱因斯坦"、"不折不扣的生活强者"、"敢于向命运挑战的人"。

天文仪器之最

世界上最早的天文台雏形——英格兰的巨石阵

这个巨大的石建筑群位于一个空旷的原野上，占地大约 11 公顷，主要是由许多整块的蓝砂岩组成，每块约重 50 吨。巨石阵不仅在建筑学史上具有重要的地位，在天文学上也同样有着重大的意义：它的主轴线、通往石柱的古道和夏至日早晨初升的太阳，在同一条线上；另外，其中还有两块石头的连线指向冬至日落的方向。因此，人们猜测，这很可能是远古人类为观测天象而建造的，可以算是天文台最早的雏形了。

最古老的天文台

原始人类从实际需要出发，很注意对天体的观测。因此在一些文明古国，早就建立了从事天文观测的天文台。在古希腊文化极盛时期，埃及的亚历山大城就建有著名的天文台。早在 3000 年前我国周代初年就已经有了天文台。据记载，周文王在都城丰邑东面，筑了一座天文台，叫做灵台。至今在西安市西南约40里地方，有一个自古以来未变的灵台村，村旁有一高大的长方形土堆，相传这就是古灵台的遗迹。西汉时在长安西北筑有清台，后易名灵台。东汉时修造的灵台高约30米，上有浑仪、相风铜鸟及铜表等仪器。但是这些古天文台现在都不存在了。目前世界上留存下来较好的最古老的天文台是公元632～647年间建于南朝鲜庆州的瞻星台。

南朝鲜庆州的瞻星台

我国保留下来最古老的天文台是河南登封县告成镇的观星台。相传此处是周公测景（影）的地方。公元723年，南宫说在这里建立了石表。元代初年1279年，郭守敬在这石表的北面建立了永久性的大型测景台，台身为280平方米，高9.46米，到明代改称观星台。1975年对此进行了全面修整。

最早用水力推动的大型天文仪器——浑天仪

浑天仪是浑仪和浑象的总称。浑仪是测量天体球面坐标的一种仪器，而浑象是古代用来演示天象的仪表。它们是我国东汉天文学家张衡所制的。西方的浑天仪最早由埃拉托色尼于公元前255年发明。葡萄牙国旗上画有浑仪。自马努埃一世起浑天仪成为该国之象征。浑仪模仿肉眼所见的天球形状，把仪器制成多个同心圆环，整体看犹如一个圆球，然后通过可绕中心旋转的窥管观测天体。

最早的火箭

人们习惯上认为，上天要坐飞机。其实严格来说，坐飞机并不能真正"上天"。即使目前飞得最高的飞机，也只能飞36000多米高。这个高度，只及地球半径的1/170。如果从离开地球的远处看，这简直同贴着地皮"爬"差不多少。而且，飞机的飞行离不开空气，航空技术再先进，飞机也离不开大气层。因此，人类真正要"上天"，就得依靠火箭。

火箭技术是现代科学的尖端之一，需要许多门科学技术的互相配合。可是，你大概想不到，早在1700年前的我国三国时代，就有曹操的部队使用火药推动的原始火箭来阻挡诸葛亮人马的传说了。有确切文字可证明的第一枚火箭，是公元969年宋初制成的。到了13世纪的元代，火箭已成为我国战争中的一种"常规武器"了，而那时候，欧洲人才知道世界上还有黑火药这种玩意儿。

现代火箭的出现则是上世纪的事，第一次试验是1926年3月16日在美国马萨诸塞州的荒野里进行的。在雪地上，戈达特博士点燃了一枚使用液体燃料的现代火箭，只

火箭

听得它"轰"的一声，火箭腾空而起，但它的最大高度只有 12.3 米，飞行的距离不过 55 米，还没有一个足球场长。

把火箭作为导弹武器用于现代战争中，则已是第二次世界大战末期的事情了。德国法西斯为了挽救其覆灭的命运，曾向英国首都伦敦发射了数枚秘密武器——V–1 型火箭。这种原始导弹很像一架无人驾驶飞机，长 8 米，翼展 5.5 米，总重 6 吨，但其中的燃料却差不多有 5 吨。V–1 火箭的射程不过 240 千米，时速也只有 560 千米，比当时的飞机快不了多少。

最早穿越小行星带的人造探测器——先驱者 11 号

先驱者 11 号（或称先锋者 11 号）是第二个用来研究木星和外太阳系的空间探测器。它也是第一个探测器去研究土星和它的光环。与先驱者 10 号不同的是，先驱者 11 号不仅拜访木星，它还用了木星的强大引力去改变

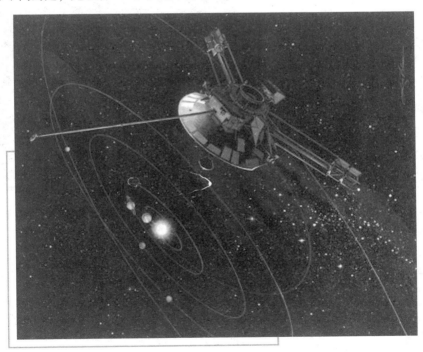

先驱者 11 号

它的轨道飞向土星。它靠近过土星后，就顺着它的逃离轨道离开了太阳系。探测器在 1973 年 4 月 6 日，位于佛罗里达州的卡纳维尔角发射。探测器全长 2.9 米，设有一条直径 2.74 米的高增益天线，在其之前再装上一条中增益天线。

飞船——最好的天地"通讯员"

1964 年 10 月 12 日前苏联发射的"上升 1 号"飞船，重达 320 吨，上面三个宇航员中有两名科学家：技术科学家奥克季斯托夫和医学家叶戈罗夫。"上升 1 号"是世界上最早的多人驾驶的宇宙飞船，它以 90.10 分钟的周期绕地球运行了 16 圈。它最突出的成就是第一次实现了飞船和人同时完整无损地返回了地球。在此以前，所有的宇航员都是被自动装置弹出飞船，使用降落伞回到地面的。至于飞船本身，因与空气摩擦产生高温而被烧毁。"上升 1 号"的宇航员在返回时使用制动火箭使飞船不断减速，最后由巨大的降落伞把整个飞船坐舱徐徐降于地面。

宇宙飞船

要使人造卫星或宇宙飞船准确地降落到目的地，需要精密的导航仪器和复杂的导航技术。因为空气的流动千变万化，飞船的速度又极快。如果制动火箭早开或迟开一秒钟，降落地点就会有 80 千米的偏差；飞行速度只要差万分之一，也会偏差 40 千米以上。

在准确降落方面，美国的"双子"9 号创造了纪录。1966 年 6 月 6 日它溅落于大西洋西岸，溅落点离开准备打捞它的航空母舰"黄蜂号"只有 700 米。这比击中一枚 6 千米外的邮票还要难得多！

最早与宇宙会合和对接

宇宙飞船在太空中只能按既定的轨道运行，一旦进入轨道，飞船是不烧燃料、靠惯性飞行的。如果没有多余的燃料，宇航员本领再大，也无法对它发号施令，想改变一点轨道或调整一下速度都是不可能的。要使两艘飞船在宇宙中会合或对接，就要求人能对飞船操纵自如。这是人们进行星际航行的起码条件。

最早实现宇宙会合的是美国两艘"双子"号飞船。"双子"7 号发射于 1965 年 12 月 4 日。11 天后，"双子"8A 按时升空，在围绕地球飞到第四圈时，8A 号宇航员希拉和斯塔福德、7 号宇航员博尔曼和洛弗尔靠火箭的推动，使双方飞行的轨道差不多变成两个相重的椭圆。在他们的默契配合下，两艘飞船比翼齐飞，最近时相距仅 30 厘米，只不过一肘之长。要知道，它们当时的飞行速度在 8000 米/秒以上！

第一次对接试验是在"双子"10 号和无人的"阿吉纳目标飞行器"10 号之间实现的。它们都是美国 1966 年 7 月 18 日发射的飞行器。"双子"10 号上的一位宇航员阿林斯在与目标卫星实现了短暂的对接后，还与怀特一起爬出了飞行舱，从"阿吉纳"卫星上卸下了一个用于捕集微流星的箱子。3 天后，"双子"10 号安全返回地球，而"阿吉纳"则在当年 12 月 29 日焚毁于大气中。

宇航员之最

最先饱览全球的人

经过几年的不懈努力，人类走出"摇篮"、飞上天空的时刻终于来到了：1961 年 4 月 12 日 6 时 07 分（格林尼治时间），前苏联 27 岁的少校加加林乘坐的"东方 1 号"宇宙飞船腾空而起，绕地球一圈后返回地面。加加林成为人类第一个"宇宙人"。他饱览了地球的无限风光。这不平凡的 89.1 分钟，证明了人类完全可以克服各种障碍，去做宇宙的主人！

加加林

第一个上天的妇女是前苏联的一个少尉——捷列希科娃，她于 1963 年 6 月 16 日乘坐"东方 6 号"飞船升天，在 7 小时 50 分钟内绕地球运转了 48 圈，航程 195 万千米。这次飞行证明，妇女也能克服超重的巨大压力和失重的平衡失调，掌握住复杂的宇航技术。

最早探身宇宙空间的人

茫茫的行星际空间充满着危险：几乎是绝对空虚的真空，接近绝对零度的严寒，致命的宇宙射线和流星体……但是，为了探索大自然的奥秘，逐步征服宇宙，人类还是勇敢地接受了挑战，无畏地向星际空间进军了。

1965 年 3 月 18 日 8 时半，前苏联"上升 2 号"上的宇航员 A·列昂诺夫中校跨出了飞行舱，成为第一个探身宇宙空间的人。当时他完全处于失重状态，在舱外的近 20 分钟时间内，在空中飘浮了 12 分 9 秒钟。他身上系着一条 5 米长的特殊绳子，绳中装有一根电缆，通过它可以把列昂诺夫在太空中的各种器官功能、生理反应的资料送到舱内，由飞船把它们发回地面。这次试验证明：人类原则上是可以在宇宙空间中逗留的。

美国的同类试验比这迟两个多月。1965 年 6 月 3 日发射了"双子" 4 号飞船，这艘重 3450 千克的航天器也载着两个宇航员：麦克德维特和怀特。怀特在 4 天多的飞行过程中，也走出了飞船，带着一种特殊的引路仪器，在空中"漫步"了 22 分钟。他在太空中兴趣盎然，不时纵声大笑，兴奋地与同伴说着开心话，甚至高兴得不想回飞船了。遗憾的是，怀特在两年之后的一次意外事故中葬身火海。

夫妻宇航员之最

1980 年 5 月，34 岁的内科医生威廉·费希正式接到美国航空和宇航局的录取通知，这样他和他妻子——30 岁的安娜·费希，便成为世界上第一对夫妻宇航员，在宇航史上被传为佳话。

有趣的是，他们两人在度蜜月的 1978 年时就一起提出了要当宇航员的申请，结果妻子入选，丈夫名落孙山！威廉大受刺激，但他更加奋发进修各种有关的课程，打好基础，期待着下一次的竞赛。经过两年的努力，才实现了他自小就热烈追求的理想。

最早的环球动物——"莱伊卡"

火箭理论的创始人、俄国科学家齐奥科夫斯基说过："地球是人类的摇篮，但是人不能永远生活在摇篮里。开始他将小心翼翼地穿过大气层，然后便去征服太阳系。"的确，人类在进入神奇的宇宙空间之前是万分谨慎的。除了先反复进行各种模拟试验外，还派了动物、植物做开路"先锋"，以取得各种基本的资料和准确的数据，观察有无不良的生理反应和后遗症。

最早进入宇宙空间的是一头名叫"莱伊卡"的小狗。在 1957 年 11 月 3 日苏联发射的第二颗人造卫星中，莱伊卡身上绑着不少测试仪器，自动装置则有规律地给它喂食物及处理排泄物，所以它在上面活了 1 周多时间（因为卫星上只放了它 7 天的

莱伊卡

"伙食"），为人类提供了重要的资料。

美国也在这方面做了大量试验。第一次选用了猩猩来作弹道飞行，时间是 1961 年 1 月底，一头名叫"哈姆"的黑猩猩在"水星 MR－2 号"上坐了 16 分钟，飞行的最大高度为 248 千米，飞行的距离也不满 700 千米。同年 11 月 29 日，"水星 MR－4"升空，里面的猩猩"艾努斯黟"绕地球飞了 2 圈后安全返回地球，这是第一次从太空凯旋的生物。

月球探索之最

真正的"后羿射日"

传说我国古代有个一连射下九个太阳的后羿，因为他妻子嫦娥偷吃了他的仙丹飞到了月宫，他气愤地猛挽硬弓，要用神箭把月亮射下来。这只

是神话。

可是，现代科学却实现了这个任务。最先打中月球的是1959年前苏联发射的"月球"2号火箭，经过3天飞行，于9月13日0时成功地撞在月球的奥多利卡斯火山口上，离月面中心仅800千米。

最早的绕月飞行也是前苏联完成的。1959年1月2日发射的"月球"1号，在1月4日飞抵离月面五六千千米远的地方，拍了一些照片发回了地球后，就进入了茫茫无际的行星际空间，成为一颗不知去向的人造"小行星"，绕太阳运转起来。

"月球"2号火箭

月球背面的最早发现

尽管月亮有圆缺的变化，可是因为它自转一圈的时间与绕地球一圈的时间一样，都是27.3天，所以我们总是只能看到月球的一面。至于它的背面是什么样子，过去谁也不知道。

为了揭开这个千古之谜，前苏联于1959年10月4日发射了"月球"3号自动行星际站。这个行星际站在10月6日开始进入绕月球的轨道飞行，7日6时半，它已转到了月球的背面大约7000千米的高空。当时地球上看到的是"新月"，月球的背面正是受太阳照射的白天，是照相的大好时机。在40分钟内，行星际站拍摄了许多不同比例的月球背面图，然后进行自动处理（显影、定影、改正透视效应等），再通过电视传真把资料发回地球。

从拍得的第一批月背照片看来，月背面绝大部分是山和山系，虽然也有一些"海"及辐射纹，但都不及正面大。值得一提的是，月球背面有4座山是以中国古代科学家名字来命名的：石申、张衡、祖冲之和郭守敬。

另外还有一座万户山，是为了纪念我国明朝一个官员，他也为科学献出了自己宝贵的生命。

月球上最早的"软着陆"

前苏联的"月球"2号是一头撞向月球的，这种毁灭性的着陆称为"硬着陆"。如果像飞机一样，能在月面上徐徐降落，到月面上后，飞行器不受损坏，里面仪器能照常工作，那种着陆方式称为"软着陆"。

人类第一次在月面上实现了软着陆的是前苏联的"月球"9号飞船。它是一个直径60厘米的圆球，于1966年1月31日发射，2月3日到达月球上空后，便放出一个"箱子舻"——着陆舱，向月球慢慢降落。着陆舱内装有不少科学仪器，在静海区域着陆后不久，防护罩便自动打开来，摄影机开始工作，这使人类得到了第一批从月球上拍得的天空及月球表面照片。这个着陆舱有100千克重，由于月球的引力只有地球1/6，因而在月球上只相当于17千克。

最早登陆月球的人

自古以来，人类便幻想着要去邀游月宫，这个美好理想终于在1969年实现了！经过多年的探索，美国宇航局制订了庞大的阿波罗登月计划，参加阿波罗工程的企业有2万多家、大学150所，投入人力不计其数，最多的一年达42万，其中科学家、工程师就有43000多名，前后耗资共250亿美元！

1969年7月16日上午9时半（美国东部时间），美国在肯尼迪宇宙飞行中心发射了"阿波罗"11号飞船，上面的三名宇航员是阿姆斯特朗、奥尔德林和科林斯。7月20日，登月舱"鹰"号安全降落于月球的静海区域。6小时后，阿姆斯特朗穿着宇宙服跨出了登月舱门，打开了电视摄像机，跟跟跄跄地走下了扶梯。因为不适应，八九级的扶梯竟使这个身强力壮的宇航员花了近20分钟。

人类终于踏上了月球表面！他风趣地说："这，对一个人来说是一小步，而对人类来说却是一大步。"接着，奥尔德林也踏上了月面。他们在万

阿姆斯特朗登陆月球

古荒漠上留下了人类第一个足迹。他们在月球上做了不少有意义的科学实验，采集了许多月岩样品，还在月面上漫步了 2.5 小时，于 7 月 22 日开始返回地球。

在此以前，1968 年 12 月 21 日～27 日，"阿波罗 8 号"曾进行了绕月飞行，第一批绕月飞行的宇航员是博尔曼、洛弗尔和安德斯。他们取得了不少月球的详细资料，也拍得了第一张从月球空中看到的地球的彩色照片。值得我们引以自豪的是，阿姆斯特朗说，月球上能看清的地面建筑，只有中国的万里长城和荷兰的围海造田工程。

月球上最早的"车"

月球上没有空气，表面的重力只有地球的 1/6，宇航员必须穿好笨重密封的宇宙服。因此尽管他们都经受过反复的专门训练和实习，但走路迈步仍然都觉得困难，总是摇摇晃晃像个醉鬼。为了进行月面研究，扩大宇航员的活动范围，"阿波罗 14 号"的宇航员带了一辆小手推车到月球上，供他们收集月岩样品时使用。1971 年 7 月底，"阿波罗 15 号"的飞行员又带去了一辆精致的电瓶车——"月球漫游者"，它长约 3 米，4 个金属轮子都有单独的马达驱动，十分灵便。它的速度最快时可达 18 千米/小时。

不过，月球上的第一辆车并不是人带上去的，而是前苏联无人飞船"月球 17 号"（1970 年 11 月 10 日发射）送上去的。这辆"月球车 1 号"形状甚为古怪，前后共有 8 个轮子，能够在地球上的人的遥控指挥下，自动在月球上行驶，做试验，收集岩石，甚至可爬上 30 度的陡坡。它在雨海中共活动了 313 天！

月球车 1 号

最大的环形山

从地球上看月球，只能看到月球表面的 59%。由于月球自转一周的时间正好和它绕地球公转一周的时间相等，所以，从地球上永远看不到占月球表面 41% 的月球背面。在可以看到的月球这一面上，最大的环形山是贝利环形山（在月球的南极），它的直径是 294 千米，四周环形壁高达 4250 米。月球上的"东方海"直径达 965 千米，但是只有一部分能直接从地球上看到。

宇宙飞船之最

火星探测之最

美国在 1964 年 11 月 5 日向火星发射了"水手 8 号"，但它中途"临阵脱逃"。13 天后，"水手 4 号"又踏上征途。它的外形像一台风车，4 个长约 7 米的"叶片"是太阳电池，可把太阳光直接变为电能；主体直径 1.3 米，总高 2.9 米，重 261 千克。经过 228 天的长途跋涉，它终于在 1965 年 7 月 14 日到达了火星区域。15 日零时，它从火星上空 9846 千米的高空飞过火星的向阳面，这时自动导向仪立即选择好各种最佳的角度开始"抢镜头"。在它飞越过火星的 25 分钟内，一共拍了 21 幅照片，每幅图上包含 4 万多个像点，因此分辨本领较高，发现火星表面上也有不少像月面上的环形山。"水手 4 号"还取得了其他许多成果，它证明了火星的大气很稀，其表面气压不及地球 1%。从它发回的资料，人们还准确地测定了它的半径和质量。

最早飞出太阳系

1972 年 3 月 2 日，美国发射了"先驱者 10 号"，它不仅身负考察木星的任务，还是人类第一名找寻"宇宙人"的使者。与后来（1975 年）发出的"先驱者 11 号"一样，它们上面都装着送给宇宙人的"见面礼"——一块 15 厘米×23 厘米的镀金铝片，上面刻着一对表示我们人类模样的裸体男女。在他们身后画着这艘宇宙飞船的外形，下面还有一排表示太阳和 9 大行星位置的圆圈，并特意标出了飞船的出发处——地球。左面部分是我们知道的天文、物理知识，上方的两个圈是氢分子的结构。希望一旦宇宙人发现这块铝片之后，能顺藤摸瓜来与我们交往。

所以国外曾报道说，在1983年4月25日，"先驱者"已飞离了太阳系。的确，它当时离太阳的距离已超过了冥王星。

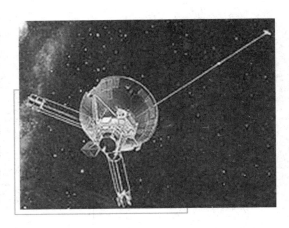

"先驱者10号"

1977年，美国又连续发射了"旅行者"1号、2号，它们身负连续考察木星（79年），土星（80年），天王星（86年）、海王星（89年）的任务，在绕过海王星后就直奔浩瀚无际的银河系空间。在这两艘飞船上，人们放了一架特殊的电唱机和一套精心挑选的"唱片"——"地球之音"。上面录制了有关地球上人类起源、发展的各种信息，包括115张照片、图表，其中有两张是关于我们中国的：一是雄伟的万里长城，一是充满天伦之乐的一个家庭共进午餐的情景。唱片中则有风雨雷电、鸟啼虫鸣等35种大自然的声音，还有27种世界著名的乐曲，包括了中国古典乐曲《流水》、德国莫扎特的乐曲和现代的爵士音乐；还有60种不同语言的问候（其中包括我国三种方言：广东话、厦门话和客家话）；最后是如何使用"地球之音"，怎样把它变为照片、图像和文字的"说明书"（用了科学的逻辑语言）。为了让它在漫长的岁月中发挥作用，人们采取了严密可靠的保护措施，不仅在其表面镀了一层不易氧化的金，而且每张"唱片"上都加了一个特殊的金属保护罩。据估计，它们可在宇宙中保存10亿年之久！

最坎坷的探索——金星探索

除了月球外，金星是与我们最靠近的行星。很自然地，它是人们进行

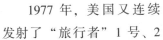

行星际探索的"第一号种子"。

1961 年 2 月 4 日，前苏联发射了一个重 640 千克的"试验卫星"飞往金星，但是当它从绕地球轨道再启动时，运载火箭不听指挥，于 2 月 26 日坠毁。

金星探测一开始就"出师不利"。前苏联头三艘飞船不是运载火箭出故障，就是无线电失灵；美国 1962 年 7 月 22 日发射的"水手 1 号"，还没飞出大

"水手 2 号"

气层就爆炸了，但人们并不气馁。美国在 1962 年 8 月 27 日发射的"水手" 2 号飞船，经过 111 天的长途跋涉，终于在 12 月 24 日飞抵金星区域，在离金星表面 3 万多千米的地方，拍摄了许多金星"特写镜头"。这是人类第一批拍到的近距离金星照片。"水手 2 号"还首次测量了金星大气中的温度情况及化学组成等，向地球送回了重要的资料。

最早的行星降落

要从疾驶的汽车上瞄准迅跑的小白兔，即使是百发百中的神枪手，也会感到十分困难的。然而飞往其他行星却不知还要难多少倍，因为我们地球绕太阳运转的速度是 30 千米/秒，比一般的汽车快 2000 倍，而金星更快，每秒 35 千米，两者相距又有几千万千米（神速的宇宙飞船差不多要跑 4 个月），难怪开始时会频频失利。

最先到达金星深入其大气内的是前苏联发射的"金星"3 号飞船（前苏联对失败的飞船都隐而不宣，故实际上应是第 9 号）。可就是这艘在 1966 年 3 月 1 日到达了金星的飞行器，在向金星降落时，无线电设备发生了故障，故没能发回任何有用的数据。

天文探索之最

1967年6月中旬，前苏联和美国差不多同时发射了"金星4号"和"水手5号"。"金星4号"在10月18日飞到金星上空，用降落伞把一个重383千克、装置了各种仪器的着陆舱投向了金星。遗憾的是，它进入大气后一直未有下文，而飞船本体则撞在金星夜间的半球上。美国"水手5号"的任务是逼近飞行，它圆满地完成了任务。它离金星最近的距离为4000千米，发回了金星大气的很多资料。

最先在金星表面上安全着陆（软着陆）的是前苏联的"金星7号"，它于1970年8月17日发射，12月15日到达。这时，还位于黑晴（金星背阳面）之中的"金星7号"，弹出了一个像帽子般的着陆舱，用降落伞降落。这个舱着陆后，在灼热的金星表面工作了23分钟，发回了金星表面状况的一些资料。至于发回金星的第一批表面图象，则已是1975年的事了，那是前苏联的"金星"9号、10号完成的。